苏州园林营造技艺

苏州园林发展股份有限公司
苏州香山古建园林工程有限公司　编著
苏州古典园林建筑有限公司

中国建筑工业出版社

图书在版编目（CIP）数据

苏州园林营造技艺/苏州园林发展股份有限公司等编著. —北京：
中国建筑工业出版社，2012.1
ISBN 978-7-112-13824-1

Ⅰ.①苏… Ⅱ.①苏… Ⅲ.①古典园林—造园林—苏州市
Ⅳ.①TU986.625.33

中国版本图书馆 CIP 数据核字（2011）第 248259 号

责任编辑：何　楠　陆新之
责任设计：赵明霞
责任校对：肖　剑　陈晶晶

苏州园林营造技艺

苏 州 园 林 发 展 股 份 有 限 公 司
苏州香山古建园林工程有限公司　编著
苏 州 古 典 园 林 建 筑 有 限 公 司

*

中国建筑工业出版社出版、发行（北京海淀三里河路9号）
各地新华书店、建筑书店经销
北京科地亚盟图文设计有限公司制版
临西县阅读时光印刷有限公司印刷

*

开本：880×1230毫米　1/16　印张：8¾　字数：270千字
2012年2月第一版　　2020年2月第三次印刷
定价：**99.00** 元
ISBN 978-7-112-13824-1
（34491）

《苏州园林营造技艺》编委会

前言 PREFACE

　　苏州园林营造技艺是吴地工匠文化的一个重要组成部分，是一种技术，更是一门艺术，是"技"和"艺"的完美结合，是中华民族的艺术瑰宝。

　　泱泱华夏，漫漫史河。在中国数千年的文明史中，涌现出许多建筑巨匠及名师。吴地历来是名匠辈出的地方，自明朝以来就有蒯祥、姚承祖等古建筑大师。他们为古建筑技艺的传承和发扬作出了重要的贡献。

　　苏州园林发展股份有限公司、苏州香山古建园林工程有限公司，拥有一批古建高级技师。其中，有香山帮传统建筑营造技术代表性传承人、全国技术能手、江苏省技术能手等，他们均有着丰富的施工经验，在操作技能方面有较高的造诣，对《园冶》和《营造法原》都有着独到的见解。他们充分发挥其在多年造园、修园中积累的经验，用通俗易懂的语言文字，编成《苏州园林营造技艺》一书。本书根据古建筑施工工序分成了石作、瓦作、木作、假山、油漆、砌街铺地六个章节，主要内容包括江南古建筑施工技术，简要地介绍了新工艺及新材料在古建筑中的运用。

　　本书的出版旨在为江南古建筑爱好者提供借鉴、参考，同时也是对苏州园林古建与造园艺术这一非物质文化遗产的传承与弘扬，尽我们苏州园林发展股份有限公司、苏州香山古建园林工程有限公司一点微薄之力。

　　由于时间仓促，加上编者水平有限，书中的图片、文字难免存在不当之处，班门弄斧之作敬请专家和读者批评、指正。

《苏州园林营造技艺》编写小组
二〇一一年九月九日

目录 CONTENTS

第一章 石 作

　　古建筑的营造技艺，主要由木作、瓦作、石作及油漆等工种所组成，而其中石作占据着一定的地位。故《营造法原》第九章，对此作了专门的介绍，在其他章节中也多有涉及。为方便大家阅读，现将该部分的内容融合在一起，用图解的方式介绍给大家。

第一节　建筑用石的种类

常用的建筑用石有花岗石、青石、绿石等数种。

一、花岗石

苏州常用的花岗石，分别产自苏州附近的金山及焦山二地。

金山产之花岗石简称金山石，其石性较硬，石纹较细，稍脆，色略白，带青或淡红，内黑点（云母）较少。其中色略白且带青的，就是我们常说的结晶石。这是一种高档的建筑用石，南京中山陵、北京人民大会堂等重要建筑用的花岗石大都产自金山。

焦山产之花岗石简称焦山石，其石性较金山石柔，石纹较粗，石中有细小空隙，黑点较多，色带淡黄，就是我们常说的板砂石，较金山石为次。

花岗石可用于墙、柱、鼓磴、阶沿、地坪以及桥梁等处。

二、青石

青石即石灰石，其色青带灰白，不及花岗石能承重，但石质细腻，可作浅雕，一般用于石栏杆及金刚座，亦可用作阶台及阶沿。

三、绿石

绿石是砂石的一种，色带草绿，内夹绿豆大小的砂粒，石质松脆，不能承重，但容易雕刻，常用于牌坊的花枋、字碑等处。

第二节　造石的次序与加工

《营造法原》将造石次序分为：双细、出潭双细、市双细、錾细、督细等数种。

大致可以这样理解，双细是经过打荒的毛坯石，出潭双细是未经打荒的毛坯石，市双细就是我们常说的甲双、乙双，錾细就是乙斩，督细就是甲斩。

传统的石料开采都是由人工在岩石上打眼，然后放炮，将石料从山上开采下来。这样既不安全，成材率又低，且影响了生态环境。而且石料的加工也是由人工通过一锤一凿，一斧一斩的操作，经过成百上千次的锤打錾凿、人工斧斩等加工手段，逐步加工成所需要的产品。因此，劳动强度大、成材工效低，其产品的数量也远远跟不上市场的需求。

另外，由于苏州是全国著名的旅游风景区，地处江南水乡，除古典园林外，青山绿水是其一大旅游特色。而石矿的开采，确实破坏了旅游资源，影响了生态环境。为了使为数不多的旅游资源不再受到破坏，也为了使日益恶化的生态环境得到保护，近年来，政府加大了整治力度，苏州附近的石矿已经停止开采。因此，现在苏州地区所需要的花岗岩石材，大都由山东、安徽、福建等外地运来。

随着时代的发展，生产力也逐步在提高，上述靠纯手工加工的手段已被淘汰，取而代之的是机械化加工。为了减少运输成本，现在石矿提供的都是经机械化切割的半成品，即表面平整，长、宽、高都符合要求的规格料。

一、石料加工的等级要求（手工操作）

1. 乙双

其要求是：铁凿布点要均匀，做到凿痕深浅基本匀称，凹凸程度不得超过 ±0.6cm。

2. 甲双

其要求是：铁凿布点要均匀，做到凿痕深浅匀称，凹凸程度不得超过 ±0.5cm。

3. 一遍剁斧

俗称乙斩，其要求是：斧印要均匀，不得显露錾印、花锤印，平面用平尺板靠测，凹凸程度不得超过 ±0.4cm。

4. 二遍剁斧

俗称甲斩，其要求是：斧印更进一步要求均衡，深浅要一致，斧印要顺直，凹凸程度不得超过 ±0.3cm。

5. 三遍剁斧

三遍剁斧也称甲斩，但对于平直度的要求更高，应该在施工前做好样板，经有关人员鉴定合格后，即作为验收对照的标准，其平面凹凸程度不得超过 ±0.2cm。

手工操作的目的，是将形状不规则、表面凹凸不平的石料，通过加工使之逐步成为所需要的产品。因此，加工的次数越多，表面越平整，等级也就越高，产品也就越精细。

而现在提供的都是表面已经很平整的半成品，因此要想将其加工成所需要的产品，只需掌握与控制其产品的形状与尺寸，而加工的难易程度应该倒过来，即甲斩最易，依次为乙斩、甲双、乙双。

二、石料加工的名称及其所属部位的划定

1. 筑方快口

发生在有看面的部位，将石料相邻的两个看面经过加工后形成直角，该工序称为筑方，其两个面所形成的角线称为快口。

2. 板岩口

发生在石料的内侧不露面的部位，石料相邻的两个面经过加工后所形成的角度可略小于90°，该工序称为板岩。板岩的目的，一是使加工后的产品尺寸达到要求，二是便于安装。其形成的角线称为板岩口。

加工时，筑方，加工两个看面，形成快口。

安装时，通过加工"板岩口1"，使高度达到要求。通过加工"板岩口2"，使宽度达到要求。通过加工"板岩口3、4"，使长度达到要求（图1-1）。

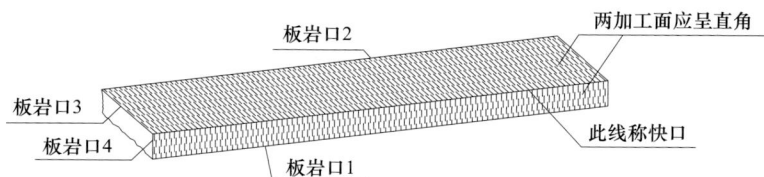

图1-1 阶沿石应该加工之部位、名称及作用

三、榫卯连接

石构件之间的连接，有时也采用榫卯结构，现以石栏凳为例，来说明其榫卯连接的一些具体做法（图1-2，图1-3）。

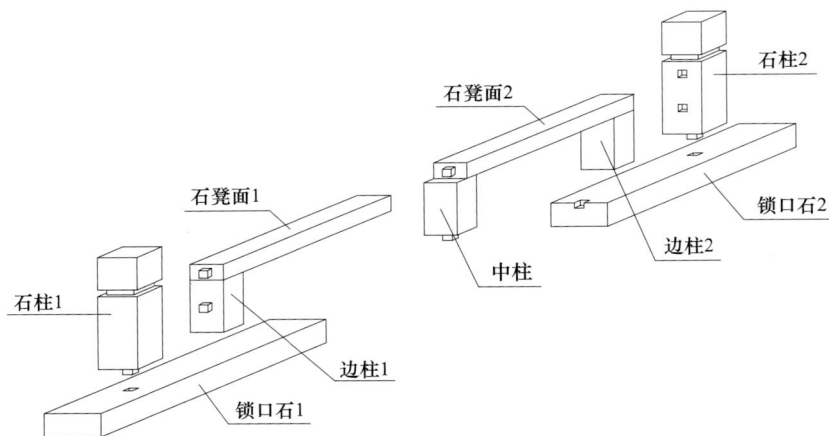

图1-2　石栏凳榫卯连接的构件分解图

上述构件可按下图进行安装：

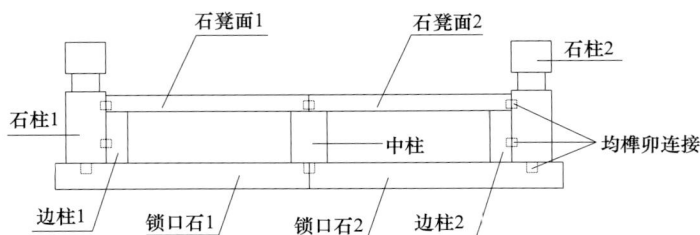

图1-3　石栏凳榫卯连接的安装示意图

第三节　石料的应用

一、阶台

阶台在《清式营造则例》中称台基，台基是建筑物基础的露明部分，也是中国古建筑中的一个特征。台基通常为石结构，由各类石构件所组成。

古建筑中无论是厅堂，还是殿庭，多数需要做阶台。阶台的构造，是在基础以上，露出地面部位做土衬石（现多改用砖砌体），其外侧砌筑侧塘石，侧塘石上方铺设锁口石，称为台口。台口与室内地坪相平。开间方向的锁口石，称尽间阶沿石，进深方向的就称锁口石。

因为厅堂的阶台，至少要有30cm高，所以室内地坪高于室外。为方便上下，正间就需设置石级，称为阶沿。

正间的尽间阶沿就称正阶沿石，而以下石级便称副阶沿石，或称踏步。踏步两旁，各置一块三角石，该石称菱角石，菱角石宽同踏步。踏步每级高五寸或四寸半（15cm或12cm），其宽为高的二倍（一般为30cm）。

正阶沿（尽间阶沿）的宽，自台口至廊柱中心，以一尺至一尺六寸为标准（一般为30cm、35cm、40cm），视建筑的出檐长短以及天井的深浅而定。第一级副阶沿石应缩进屋面出檐滴水线6cm，以免雨水溅入室内。厅堂阶台中的石构件名称见图1-4。

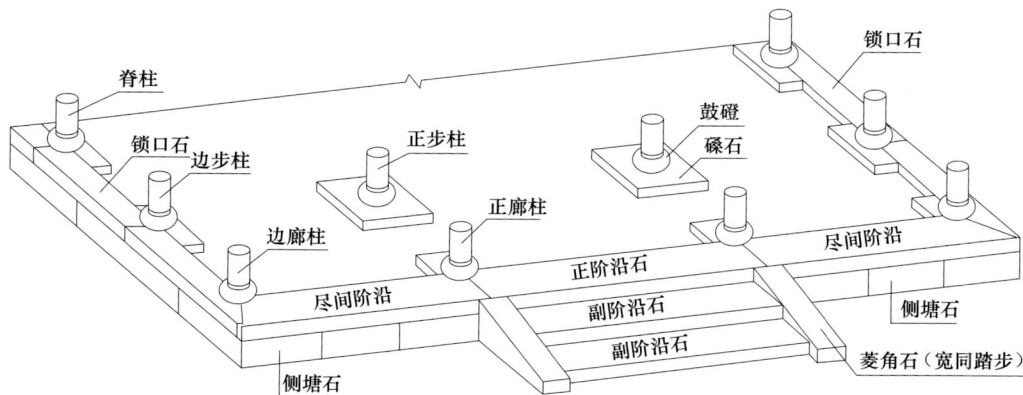

图1-4 厅堂阶台石构件名称图

若长窗安装于廊柱处，因有门槛，为方便上下，则该阶沿石的宽度，不要小于35cm，有条件时，最好能做成40cm的宽度。

在阶台转角处，石构件之间的连接，一般不宜采用类似木结构的（45°）割角做法。因为石材性质较脆，割角部位经不起碰撞。所以在转角处，大多采用包头做法，有的石匠将其称之为出头做法（图1-5，图1-6）。

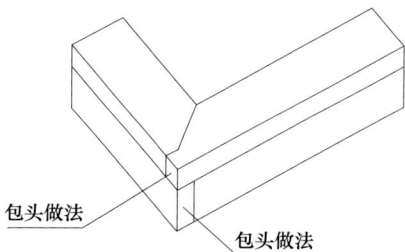

图1-5 转角处宜采用包头做法

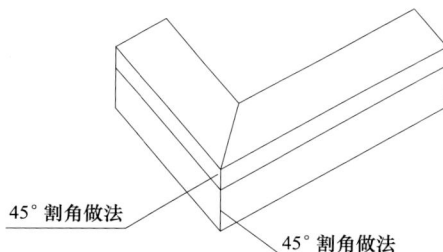

图1-6 转角处不宜采用45°割角做法

阶台之中，还有一类重要的构件，便是鼓磴与磉石。

柱下常设鼓磴，鼓磴或方或圆，有花者施浅雕，素者光平。鼓磴高按柱径七折，鼓磴面直径每边各出走水一寸，并加胖势各二寸。承鼓磴之方石称为磉石，磉石宽按鼓磴面直径的三倍。

——引自《营造法原》

为了方便施工，鼓磴尺寸可取近似值，尽量统一规格品种，原则是大柱用大鼓磴，小柱用小鼓磴。常规鼓磴若按"各出走水一寸"则嫌太大，应为各出走水2cm，"并加胖势各二寸"也嫌太大，应为加胖势各4cm。另外，胖势应该加在鼓磴高的3/5或7/10处，这样比较美观。以20cm柱径之鼓磴为例，请比较下图（图1-7，图1-8）。

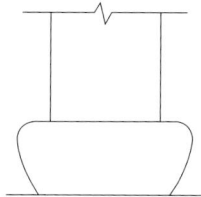

图1-7 走水2cm胖势各4cm 鼓磴

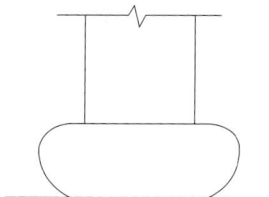

图1-8 走水2.8cm胖势各5.6cm鼓磴

礴石之面与阶沿石面相平。礴石厚度一般与阶沿石厚度相同,也可略小,但不能小于12cm。礴石的宽,除按鼓磴面宽的3倍计算外,一般取整数,如40×40、50×50、60×60等(单位:cm)。

礴石按其所在的位置不同,其形状有所不同,故名称也不相同,有全礴、半礴及角礴。半礴尺寸为全礴的一半,角礴尺寸又为半礴的一半(图1-9)。

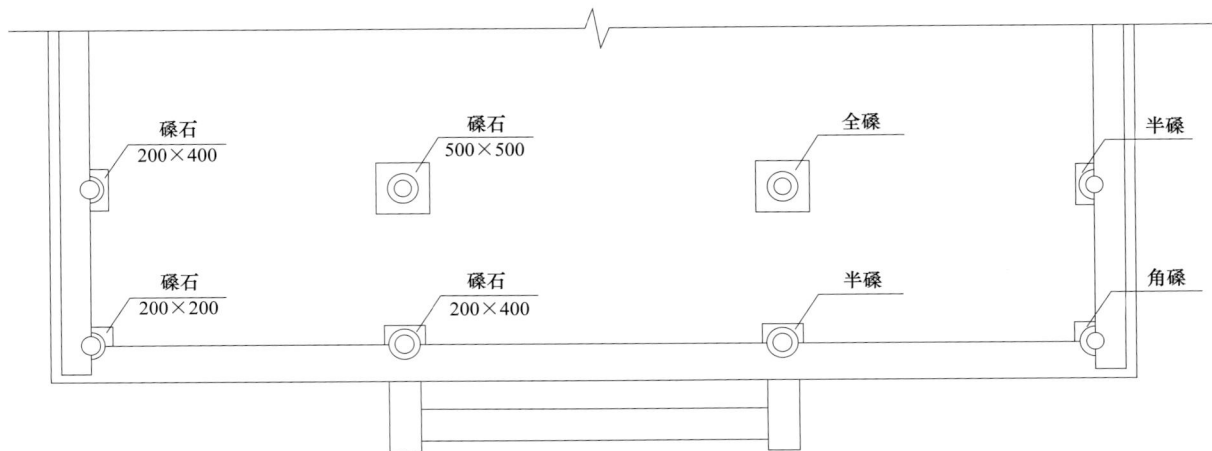

图1-9 礴石名称及尺寸平面示意图(单位:mm)

但特殊平面的建筑也有例外,如六角亭、八角亭及曲廊等,详见以下礴石、鼓磴示意图(图1-10)。

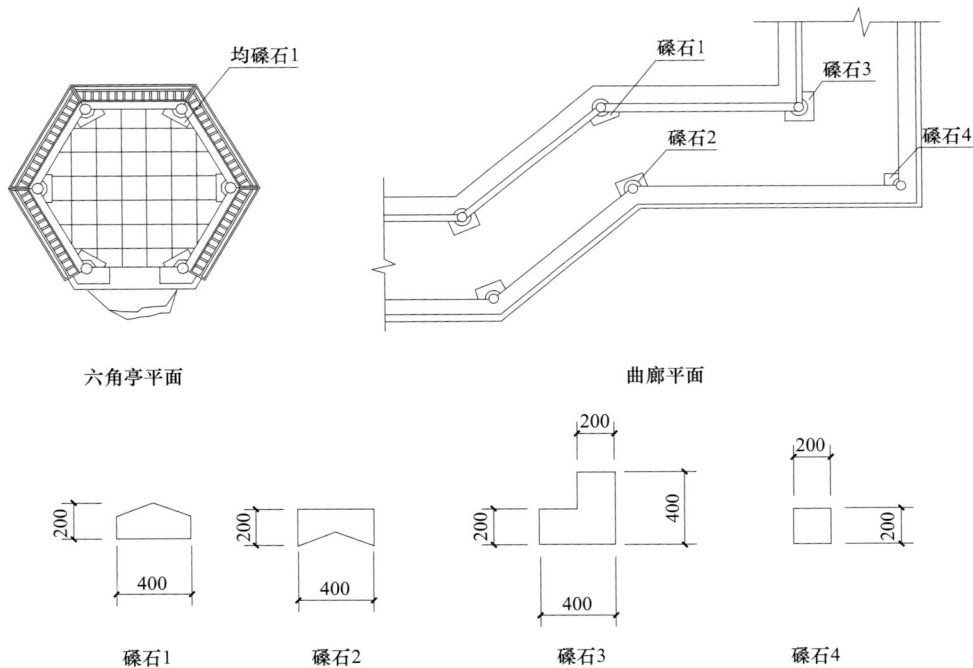

六角亭平面　　　　　　　　　　曲廊平面

礴石1　　　　礴石2　　　　礴石3　　　　礴石4

图1-10 特殊平面建筑之礴石布置示意图(单位:mm)

二、殿庭阶台与露台

1.殿庭阶台

殿庭阶台高度,至少三四尺,因为殿庭高大雄伟,其下不设置较高的阶台,不能显示其庄严、稳重、大气的视觉效果，故北方有"台基高为三分之一殿高"的规定。

阶台宽按廊界进深，如界深五尺，则台宽自台边至廊柱中心为五尺，或者缩进四五寸，但不得超过飞椽头滴水。殿庭阶台大多都四周绕通，为祭祀、膜拜者行香之用。台口石条，称台口石。台口石以下铺砌侧塘石，也有比较简陋的，用城砖代替，其转角处设角石。

2. 露台

阶台之前的平台，称为露台，露台比阶台低四五寸（约 15cm），即一踏步。露台上所铺石板名为地坪石。

露台为四方形，四周绕以石栏杆，有的与阶台上的石栏杆相连。在台的前方、左方、右方三面均设有阶沿。台前阶沿较宽，一般与正间面阔相等，在踏步中央，一般不做踏步，而代之以凤龙雕刻的石板，称为御道。如该部位的石板做成锯齿形，该石板则称礓磜，以供通车马之用。阶沿两旁菱角石之上，铺斜石条，称垂带石，垂带石上设斜栏杆及砷（读 kun）石。

露台的宽，按《营造法原》的规定：如殿为七间两落翼，台宽为五间；殿为五间两落翼，台宽为四间；殿为三间两落翼者，台宽为三间，其宽度由正间中心线向两边分派。

露台的深，《营造法原》也有叙述，即"一倍露台三天井，亦照殿屋配进深"，由此，露台之深应为大殿之深。

现以某寺庙为例，来说明殿庭阶台与露台的具体做法：

该大殿的面阔为五间两落翼，故露台宽为四间，露台深按大殿之深。

因廊深为 180cm，故阶台之宽自台边至廊柱中心也为 180cm，阶台之高为 165cm，比露台高 15cm，即一踏步。其余各制均按《营造法原》所述内容绘制（图 1-11 ~ 图 1-13）。

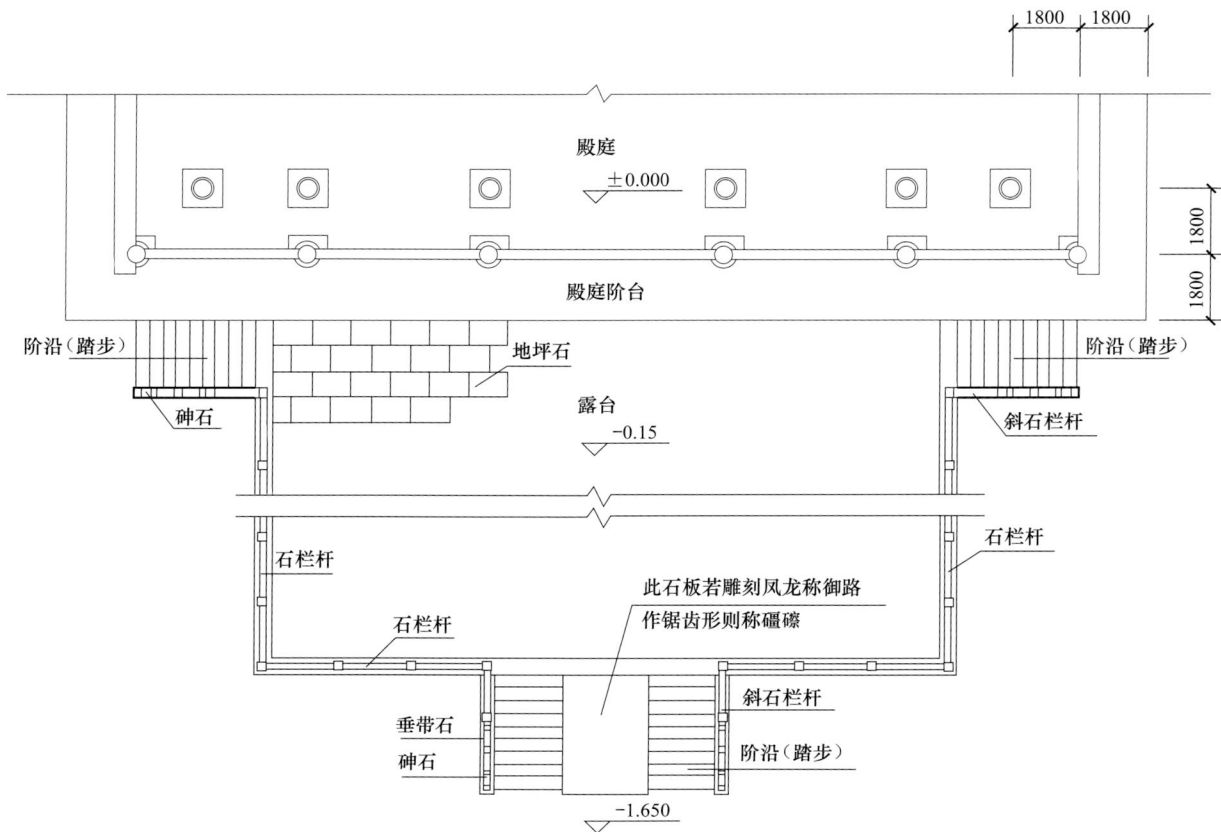

图1-11 殿庭阶台及露台平面图（单位：mm）

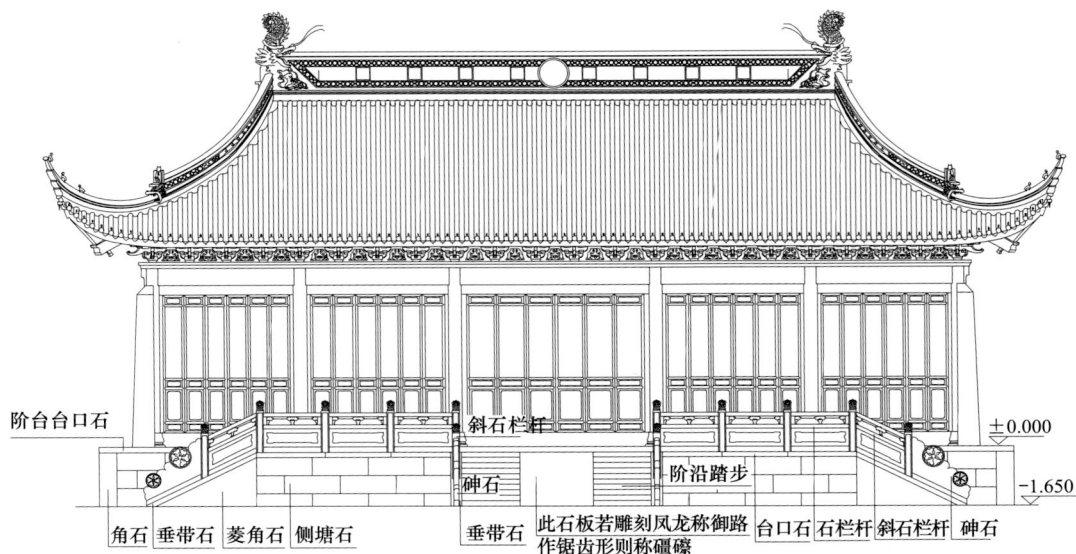

阶台台口石　　　　　　　　斜石栏杆　　　　　　　　　±0.000

砷石　　　　阶沿踏步

　　　　　　　　　　　　　　　　　　　　　　　　　　　　-1.650

角石　垂带石　菱角石　侧塘石　　垂带石　　此石板若雕刻凤龙称御路　台口石　石栏杆　斜石栏杆　砷石
　　　　　　　　　　　　　　　　　　　作锯齿形则称礓礤

图1-12　殿庭阶台及露台正立面图

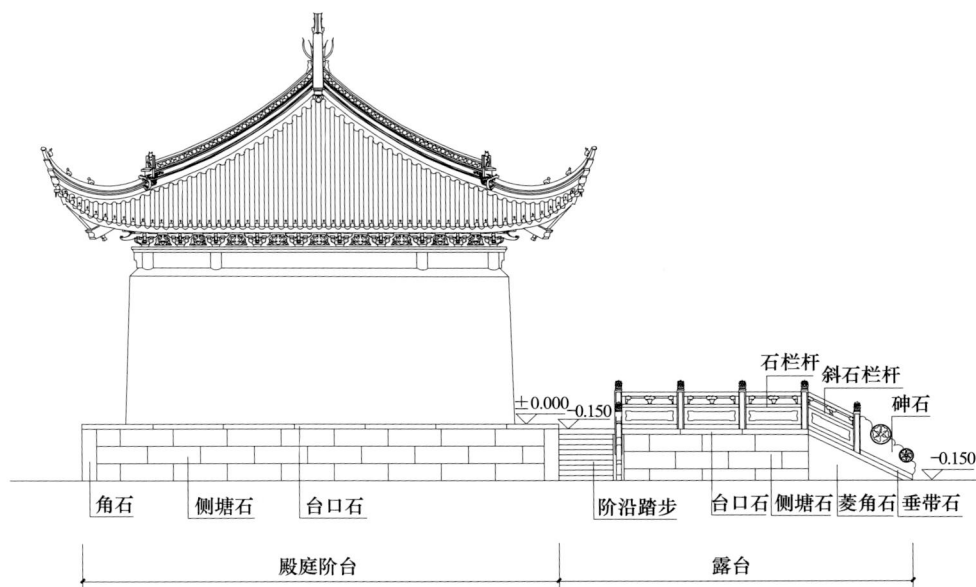

石栏杆　斜石栏杆

±0.000 -0.150　　　　　　　　　　　　砷石

　　　　　　　　　　　　　　　　　　　-0.150

角石　　侧塘石　　台口石　　　　　阶沿踏步　台口石　侧塘石　菱角石　垂带石

殿庭阶台　　　　　　　　露台

图1-13　殿庭阶台及露台侧立面图

　　比较华丽的露台，四周大多筑金刚座。其结构自上而下为台口石，台口石下面是圆形的线脚，如线脚面上雕莲瓣，则线脚称荷花瓣，荷花瓣可设置两重；金刚座中间为束腰，束腰由平面石板所组成，缩进线脚约一寸；转角处为莲花柱，柱的中部雕流云、如意等饰物；束腰以下再设荷花瓣一重，称下荷花瓣。以下为拖泥，拖泥为平面的方形石条，铺设于基础之上。

　　金刚座以上设石栏杆，栏杆以整石凿空，中部做花瓶撑，上部为扶手，下部栏板凿方宕，栏杆两旁是石柱，石柱上部雕有莲花头，所以名为莲柱。莲柱及石栏杆之下为锁口石，锁口石与地坪石面相平，外口挑出台外约二寸，故又称台口石。莲柱柱底做石榫，穿于锁口石中，使其牢固结合。

　　栏杆遇阶沿时，随阶沿斜度做斜栏杆，其前面放置砷石。

　　下图为露台石栏杆及金刚座（图1-14）。

（a）金刚座立面　　　　　　　（b）踏步侧立面

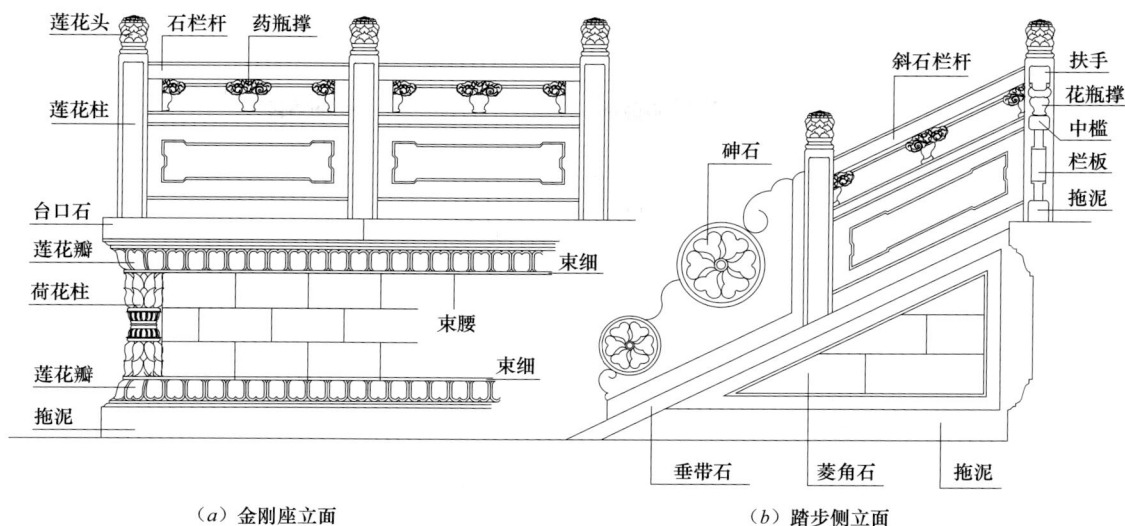

图1-14　露台石栏杆及金刚座图

制作石栏杆除了采用《营造法原》所述"栏杆以整石凿空，中部做花瓶撑，上部为扶手称石栏杆，下部栏板凿方宕，两旁辅以石柱"之做法外，建议采用分体制作，现场安装的施工方法，这样既省料，又能局部采用机械化加工，提高生产效率（图1-15～图1-17）。

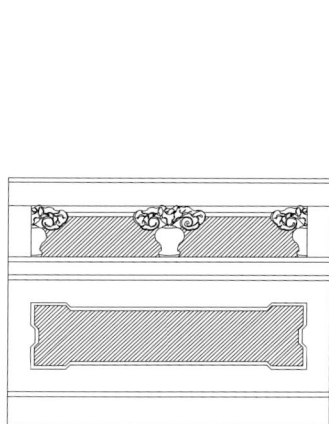

图1-15　整石制作
注：制作时，挖去阴影部分

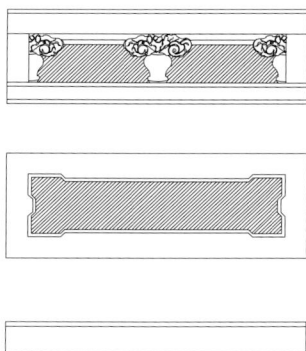

图1-16　分成三块制作

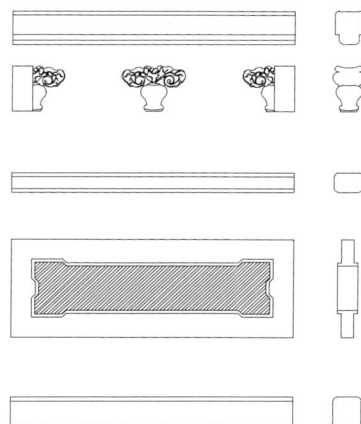

图1-17　全部分体制作

如图1-15所示，可以清楚地看出，其做法基本采用手工制作，且需用大料制作，因此费工费料，但整体性好，安装简单。如图1-16所示，其做法局部采用手工制作，部分可采用机械加工，用料可减小，省工省料，安装较方便，建议采用。如图1-17所示，其做法除花瓶撑采用手工制作外，其余均可采用机械加工，省工省料，可随意组合，灵活性强，但安装要求高，建议尽量采用。

三、砷石

砷石除用于牌坊、栏杆外，室内则用于门第将军门之两旁，砷石上部大都作圆鼓形，下部为长方形之石座，称砷座。因上部式样之不同，而称砷石为挨狮砷、纹头砷、书包砷、葵花砷等。而门第用者多为葵花砷，上部圆鼓形，俗称盘陀石。其高低式样，以圆鼓径为标准，圆径自二尺至二尺四寸，厚约六七寸，全高约四尺余，其座约占全高 1/4。但其全部高低，亦得视门之高低而定（图 1-18 ～图 1-20）。

图1-18　门第将军门之立面

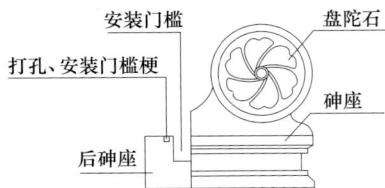

图1-19　砷石侧立面

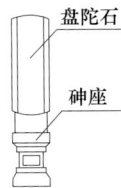

图1-20　砷石正立面

坤石制作时，后砷座与砷座可分开制作，以减小用料，但后砷座应伸入砷座之内。

四、石牌坊

石牌坊依外观形式的不同，可以分为两类：其一为柱出头无楼，其二为柱不出头有楼（图 1-21，图 1-22）。

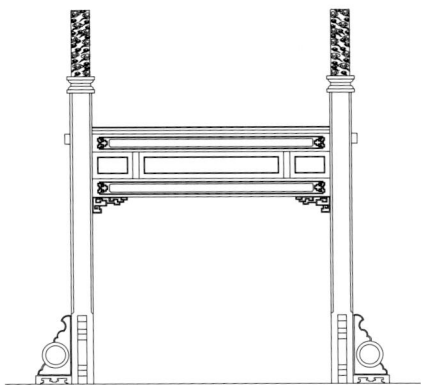

图1-21　柱出头无楼

图1-22　柱不出头有楼

根据牌坊间数的不同，又有三间四柱牌坊、一间两柱牌坊等（图 1-23，图 1-24）。

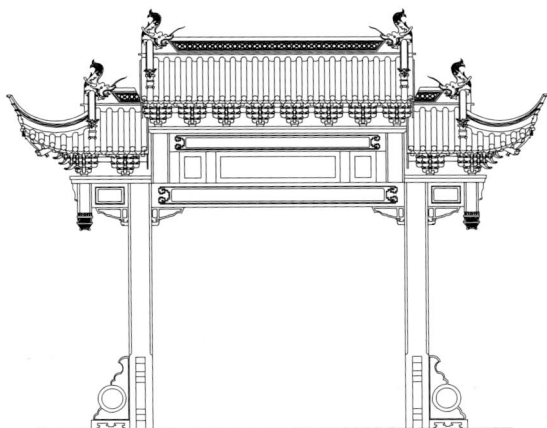

图1-23　一间二柱之牌楼

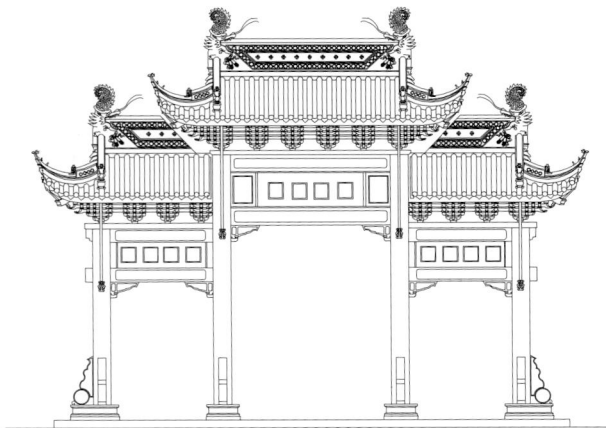

图1-24　三间四柱之牌楼

现以三间四柱无楼牌坊为例，对其各制分述如下：

牌坊宽三间者，中为正间，两旁为次间。正间开间，以共开间分作50份，正间占21份，余数均分作两次间之开间。石柱断面为正方形，倒角，或起木角线。石柱之宽为1/10柱高，柱脚现都深埋于杯型基础之内，出土处四周，设锁壳石、铺地坪石。柱前后及旁，以砷石支撑之。柱端架枋，枋面与柱顶相平。

三间四柱无楼牌坊，正间施上枋、中枋、下枋三道，其分隔之石板，称为花枋，花枋之高，可根据题字与否调整之。次间柱间架上、下两枋，以字碑分隔之，字碑为题字之用。柱顶出头作圆柱形，雕流云装饰，称云冠。上枋两端，云冠之底置日月牌。

若正间开间宽一丈二尺六寸，则两次间各宽八尺六寸。中柱高一丈六尺，中柱宽为一尺六寸。两次间柱高为中柱高之八折，即一丈二尺八寸，次柱宽为一尺三寸。云冠高分别为六尺及五尺四寸。

参照石牌坊（有楼）各部比例：

柱高按面阔12/10，下枋底至地面为2/3柱高。

下枋高按柱面八折，厚照高七折。

下花枋高按柱面八五折。

中枋高按柱面七五折，厚同下枋。

上花枋高按柱面七五折。

上枋高按柱面八五折，厚同下枋。

按以上比例所绘制的三间四柱无楼石牌坊，如图1-25所示。

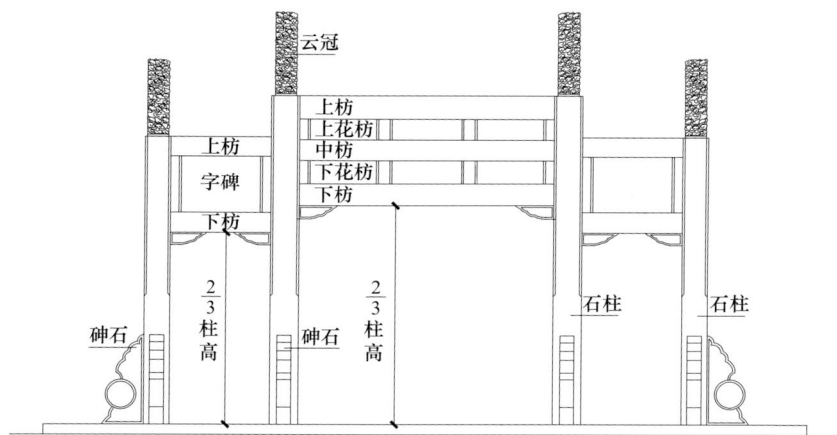

图1-25 三间四柱石牌坊之立面

五、石库门

石库门是旧上海民居中最流行的一种大门形式，它起源于太平天国时期，当时的战乱迫使江浙一带的富商、地主、官绅纷纷举家涌入租界寻求庇护，于是外国的房产商乘机大量修建住宅。这种建筑借鉴了江南民居的式样，其中以石头做门框，以乌漆实心厚木做门扇，这种大门的形式就称作"石库门"。

汉语中把围束的圈叫作"箍"，这种用石条围束的门被叫作"石箍门"，宁波人发"箍"字音发的是"库"，时间一长，上海的"石箍门"便慢慢地被叫作"石库门"了。

其实，石库门就是借鉴了江南传统建筑中的墙门形式，通过简化、提炼而来。现简述如下：

墙门门框为石料，两旁垂直的石框称枕，横架在上方的石条称上槛，也有称套环的。下面横放于地面上的石条称为下槛，下槛高起地面二三寸的部分，称为铲口。门两旁砌砖磴，称为垛头，垛头深同门宽。墙面内侧作八字形的部分称扇堂，作为门开启时的依靠之所。扇堂斜度以门宽4/10为度。铺于垛头扇堂间下槛下的石条名叫地栿。请比较以下两张平面图：

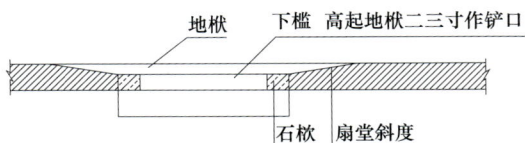

图1-26　石库门平面示意图

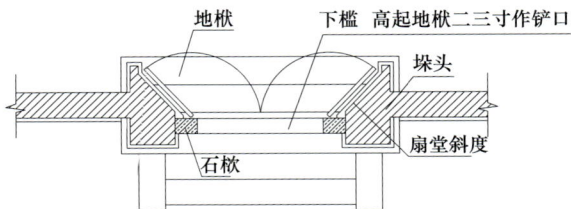

图1-27　墙门平面示意图

经比较，两者之区别在于有无垛头，前者无，后者有，因此，对于石库门，其定义应该为：石库门的墙面内侧作八字形称扇堂，作为门开启时的依靠之所，扇堂斜度为墙厚与石枕厚之差／单扇门宽。铺于扇堂间的石条，称地栿，地栿与室内地坪相平。

石枕有三种规格：1）八六石枕；2）九七石枕；3）一八石枕。

八六石枕，石枕看面八寸，厚六寸，长八尺，门宕宽三尺六寸，加阔四寸。九七石枕，石枕看面九寸，厚七寸，长九尺，门宕宽四尺二寸，加阔四寸。一八石枕，石枕看面一尺，厚八寸，长一丈，门宕宽四尺八寸，加阔四寸。以下采用九七石枕为例，所绘制的石库门及墙门见图1-28、图1-29。

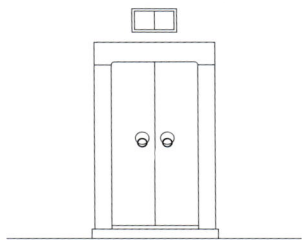

图1-28　石库门立面图

图1-29　墙门立面图

第四节　园林石作

园林中有亭、台、楼、阁、廊、榭等各类建筑，其阶台（台基）大都为石结构，其形制、名称、做法，一如厅堂，故不再阐述。但园林筑台，应不尚华丽，以简雅为主。若用莲柱、石栏杆等，则过于繁琐，倒不如用普通石栏凳为佳，既可起到遮拦的作用，又可供游人停坐休息（如图1-30）。束腰起线等繁琐做法，应该摒弃不用，以采用普通的侧塘石或虎皮石为好，这样更觉自然、协调。

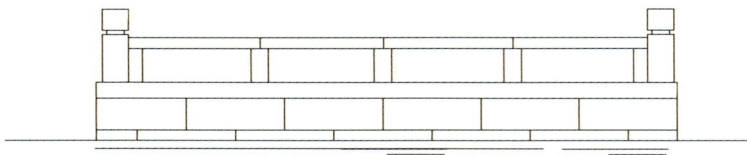

图1-30　亲水石平台

园林设计，以天然山水为缩影，叠山、理水是常用的处理手法，园林中的水池，一般不讲究对称、方整，而主张曲折、自然。因此，常常架设各种形式的小桥以供游人往来。

园林构桥的用材，以石材为多，很少使用木材，因为木桥容易腐烂，修理成本又大，且游人走在上面，容易发出声响，打扰清静幽雅的环境。

石桥的构造分梁式、拱式两种，苏州园林中的拱式桥大多为一孔，因为孔多则体量太大，与小巧玲珑的园林风格不协调。梁式桥因其平坦、简洁，古朴、典雅，故常见于苏州园林。有的梁式桥，仅设一块石板，跨于溪面，板形平直，或稍起拱，虽然简朴，却也有几分山野情趣。石桥若跨于池面时，因池面较宽，一般分作数段，平面曲折，呈之字形，故称曲桥。桥宽自二尺至四、五尺不等，而每段的长度，也需根据池面的宽度及曲折的段数来决定。桥两边一般是石栏凳，游人可凭坐休息。有的石桥上面建有廊屋，该桥就称廊桥。

总之，桥的设计宜轻巧玲珑，桥在园林中一般作为配景，应该尽量做得低调，不要喧宾夺主。

园林中常见的石桥包括以下几种：

一、石板小桥

跨于溪面之石板小桥（图1-31）。

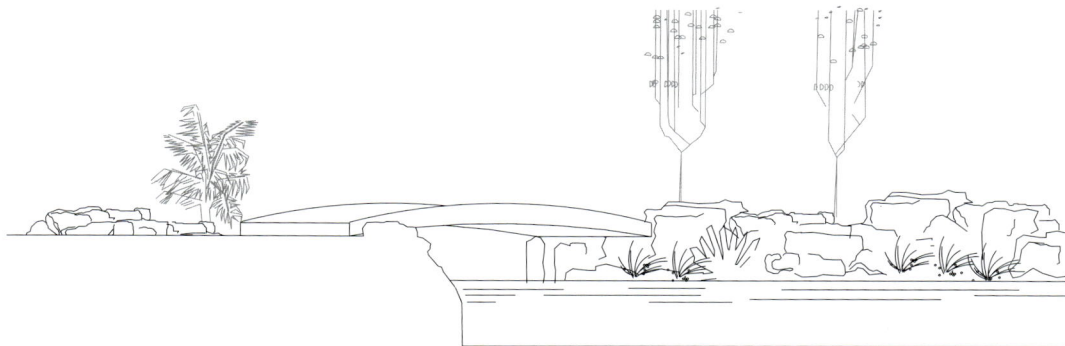

图1-31　石板桥

二、曲桥

曲桥实际上是将数段梁式桥连接在一起，因此在制作安装时，两个桥段之间的交界线一定得是其交角的角平分线，否则桥面板的角度、平面形状将无法统一，且无法交在同一点上（图1-32～图1-34）。

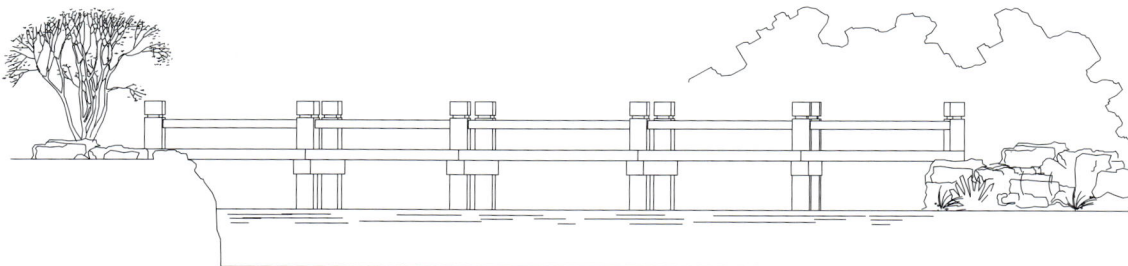

图1-32　曲桥立面图

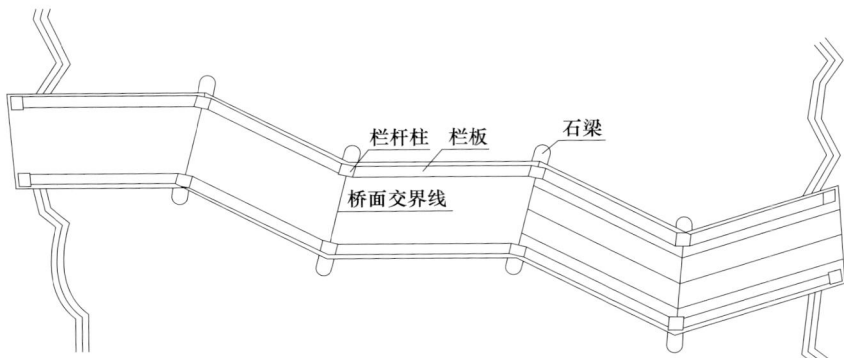

图1-33　曲桥平面图

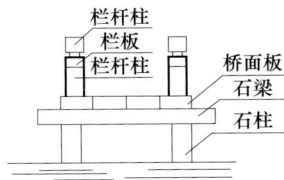

图1-34　曲桥剖面图

三、廊桥

在具有苏州风格的园林中，廊桥是一种独特的梁式桥，一般为三跨，中高两低，立面呈八字形，桥上建以廊屋，故称廊桥。尤以拙政园内的廊桥"小飞虹"造型优美，最为著名，由此，廊桥很受设计人员的喜爱，经常被运用。但在实际施工时，一定要注意，带坡度的一跨，两边的边长应相等，否则该跨的石板平面会不平，呈翘裂状，同样，该跨的屋面也会呈翘裂状。同样的道理，也适用于走廊（图1-35、图1-36）。

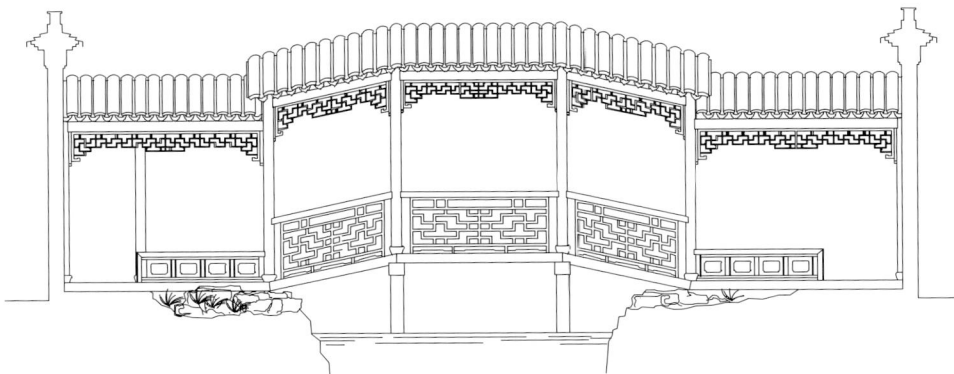

图1-35　廊桥立面图

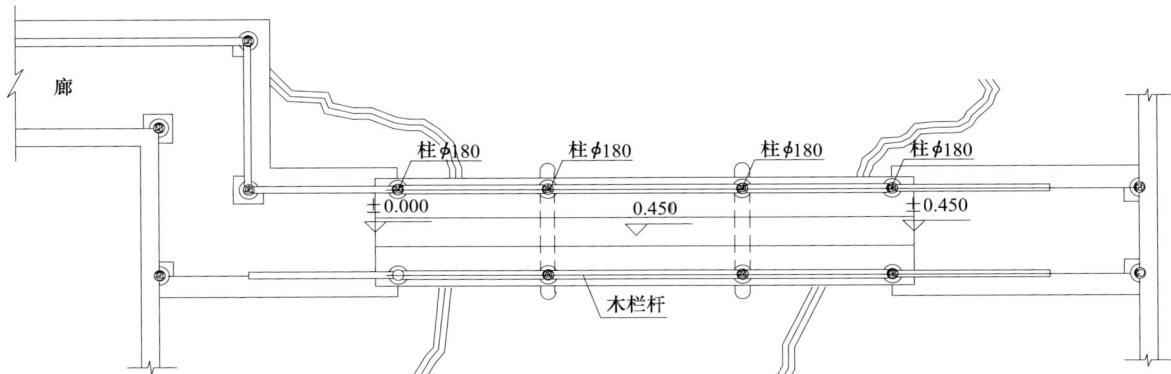

图1-36　廊桥平面图

四、拱桥

石拱桥的建造要点是拱券的制作与安装。制作时，先将拱券划分为若干块，须单数，两边对称，中间一块称为"龙门石"。安装时，先将水盘石安装在混凝土基础上，接着安放一个预先准备好的木制架子，该架子称作"盝"，其外形与拱券内券相吻合，作为拱券安装的支撑与依据。然后再逐皮安装拱券石，直到拱顶，最后用"龙门石"楔紧成拱（图1-37～图1-40）。

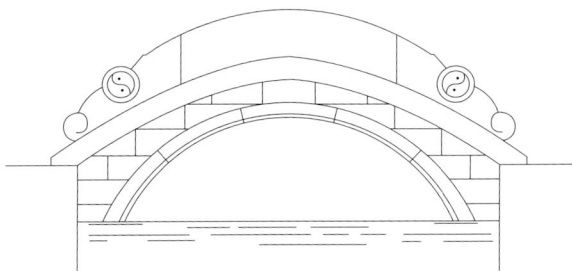

图1-37 拱桥立面图

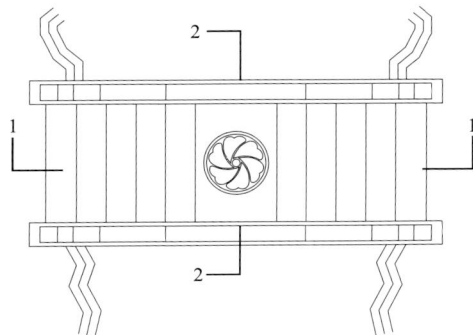

图1-38 拱桥平面图

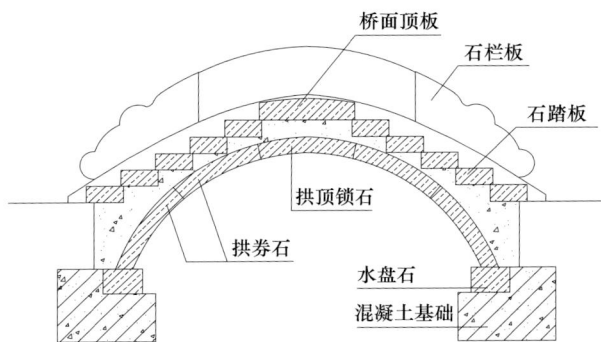

图1-39 拱桥1-1剖面图

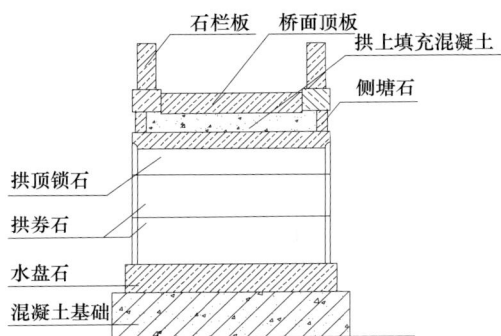

图1-40 拱桥2-2剖面图

第二章 瓦 作

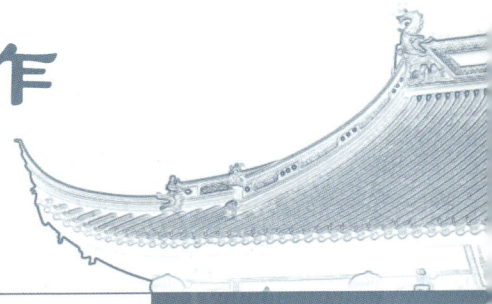

　　瓦作又称水作。传统意义上的古建筑房屋基础、墙体砌粉、屋面、室内外铺地、花漏窗、堆塑、砖细砖雕均属于瓦作。本章主要描写了古建筑屋面、堆塑、花漏窗、砖细砖雕等施工工艺、流程，供大家借鉴参考。

第一节 江南古建筑屋面

屋面构造除桁、椽等构件外,则为铺望砖、护灰,盖瓦、筑脊。前者属于木工,后者则隶属瓦作。盖瓦、筑脊因殿庭、厅堂规范之不同,而做法亦异。

一、屋顶造型

古建筑屋顶造型主要有庑殿式、悬山式、硬山式、攒尖式和歇山式(图2-1～图2-5)。

图2-1 庑殿式

图2-2 悬山式

图2-3 硬山式

图2-4 攒尖式

图2-5 歇山式

二、屋面常用瓦件

屋面常用瓦件有黏土素筒瓦、小青瓦（图2-6，图2-7）。

图2-6　小青瓦屋面

图2-7　黏土素筒瓦屋面

三、屋面檐层

屋面可做成单层檐，也可以做成两重檐或两重檐以上，两重檐及以上统称重檐屋面（图2-8，图2-9）。

图2-8 重檐屋面

图2-9 单层檐屋面

四、屋面铺瓦技术要求

（1）滴水瓦瓦头挑出瓦口板的长度不大于瓦长的 2/5，且不得小于 2cm。

（2）斜沟底瓦搭盖不小于 15cm（沿排水方向，斜沟底瓦宜卸口），斜沟两侧的百斜头伸入沟内不应小于 5cm。

（3）底瓦搭盖外露不应大于 1/3 瓦长（一搭三），檐口部分可调整。

（4）盖瓦搭盖外露不应大于 1/4 瓦长（一搭四），厅堂、亭阁、大殿等建筑物屋面的盖瓦搭盖外露不应大于 1/5 瓦长（一搭五）。

（5）盖瓦搭盖底瓦，每侧不应小于 1/3 盖瓦宽。

（6）筒瓦屋面铺设时，上下两张筒瓦的接缝，清水筒瓦屋面不得大于 0.3cm，混水筒瓦屋面不得大于 0.5cm。当提栈超过六算半时，每隔 3～4 张筒瓦需加设荷叶钉 1 只。

（7）混水筒瓦屋面，筒瓦搭盖底瓦每侧不得小于 1/3 筒瓦宽，清水筒瓦屋面每侧不得小于 2/5 筒瓦宽。筒瓦屋面睁眼宽度不宜大于盖瓦高的 1/3。

五、黏土砖、瓦件规格尺寸

江南古建筑中的黏土砖瓦件规格尺寸因产地不同，尺寸各异。

1. 筒瓦规格尺寸（单位：cm）

7 寸筒瓦（15×12）、10 寸筒瓦（22×12）、12 寸筒瓦（28×14）、14 寸筒瓦（29.5×16）、5 寸花筒（13×12）

2. 小青瓦规格尺寸（单位：cm）

斜沟瓦 24×24、底瓦 20×20、盖瓦 18×18

3. 望砖规格尺寸（单位：cm）

细望 21×9.5×1.5、八六望砖 21×11.5×2

4. 花边、滴水规格尺寸（单位：cm）

中号花边 18×18、大号花边 20×20、大号滴水 20×20、斜沟滴水 24×24

5. 黄瓜环规格尺寸（单位：cm）

黄瓜环 32×18

六、瓦件质量要求

有裂缝、沙眼、缺角、色差、弧度不统一、烧制不熟（夹生）的瓦件因地制宜，看地方而用之。

七、分中排瓦当

1. 庑殿式屋面分中排瓦当

（1）前后直挺屋面分中排瓦当：

确定正脊长度方向中心线（龙腰），在龙腰中心线至脊戗中线交点的尺寸内点出瓦当线（盖瓦中线），瓦当间距按规范要求。然后把正脊上的瓦当线引到檐口，点出中线。利用上下两点弹出盖瓦中心线。盖瓦中心线必须垂直于正脊。

（2）前后戗角部分分中排瓦当：

在脊戗交点引下线至木戗角头（需扣除蝴蝶瓦位置及 1/4 盖瓦宽尺寸）的尺寸内分中排瓦当、弹线。

（3）落翼屋面分中排瓦当：

标出进深中心线，在进深中心线和木戗角头（需扣除蝴蝶瓦位置及半楞盖瓦尺寸）之间分中排瓦当、弹线（图2-10）。

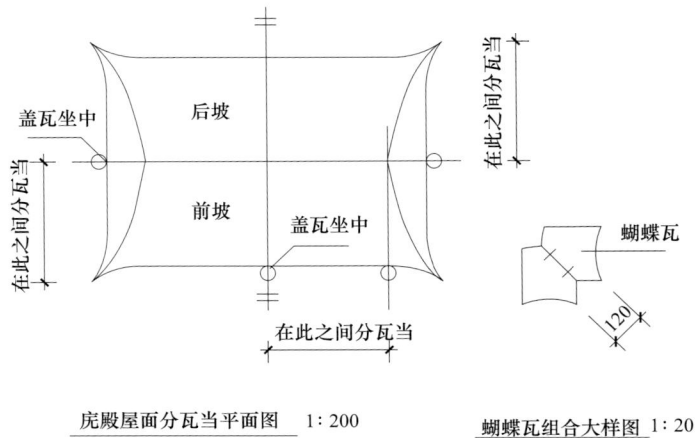

庑殿屋面分瓦当平面图　1：200　　　蝴蝶瓦组合大样图　1：20

图2-10　庑殿式屋面分中排瓦当示意图

2. 悬山、硬山式屋面分中排瓦当

确定正脊长度方向中心线（龙腰），划出边楞中心线（第一路飞砖口角推进半楞盖瓦），依据两条中线分出瓦当尺寸，把正脊上分好的尺寸线引到檐口，利用脊上和檐口两点弹出盖瓦中线。盖瓦中线必须垂直于正脊（图2-11）。

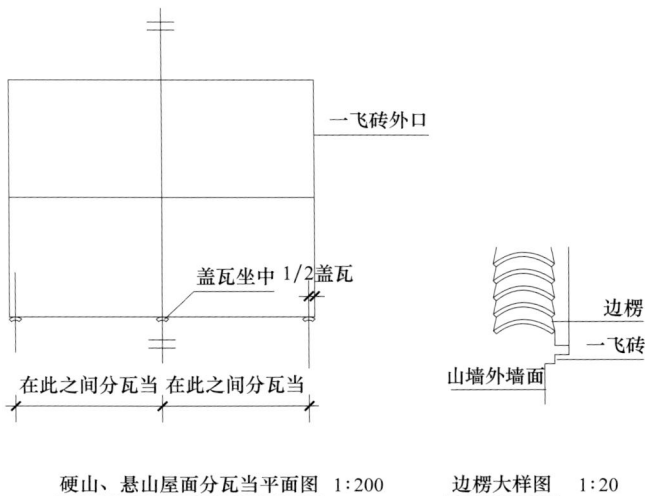

硬山、悬山屋面分瓦当平面图　1：200　　　边楞大样图　1：20

图2-11　悬山、硬山式屋面分中排瓦当示意图

3. 攒尖式屋面分中排瓦当

找出每翼屋面檐口中心点。在此点和木戗角头（需扣除蝴蝶瓦位置及1/4盖瓦宽尺寸）之间分中排瓦当，利用檐口瓦挡线弹出盖瓦中心线（图2-12）。

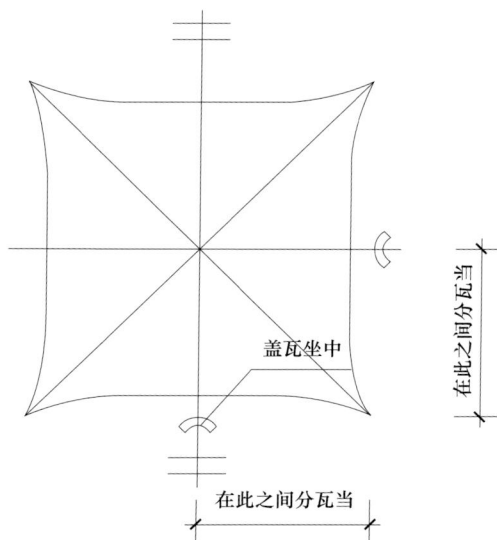

图2-12 攒尖式屋面分中排瓦挡示意图（比例：1：100）

4.歇山式屋面分中排瓦当（无排山做法）

（1）前后直挺屋面分中排瓦当：

确定正脊长度方向中心线，确定边楞中心线（第一路飞砖口退进半楞瓦），在两点之间分楞排当。

（2）前后屋面戗角部分分中排瓦当：

量出边楞中心线到木戗角头（封檐板或关刀眠檐头）之间尺寸后，扣除蝴蝶瓦位置及 1/4 盖瓦宽尺寸后分楞排当。

（3）落翼戗角屋面分楞排当同前后屋面戗角。

（4）落翼直挺部分分楞排当不强调盖瓦坐中，只要尺寸符合规范要求（图 2-13）。

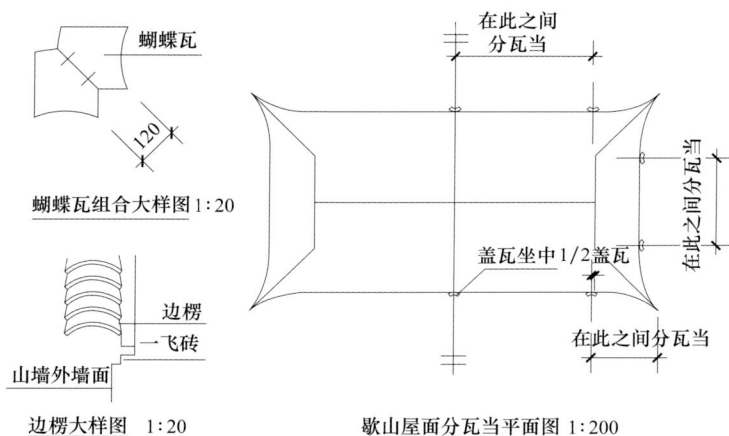

图2-13 歇山式屋面分中排瓦当示意图

八、硬山式小青瓦屋面铺设

古建筑屋面常用望砖或望板作为屋面的基层，在盖瓦前一般都要在基层面做护灰层，护灰层的主要作用是调整基层弧度、防水和保温。在护灰层施工前，应先在正脊正吻和竖带头的位置安装铁件，用于固定正脊、正吻和竖带头等屋面饰件。

（1）在已经做好的基层上分中排瓦当，在正脊位置划出盖瓦中线，把每楞盖瓦中线引到檐口位置的灰背上，根据上下两点弹出盖瓦中线，钉瓦口板。厅堂建筑一般用规格（单位：cm）为20×20的瓦做底瓦，规格为18×18的瓦做盖瓦。

（2）按大、小瓦用量比例（4：6）把瓦片有序地堆放到屋面基层或护灰层上（屋面上进深方向排几人，盖瓦就堆几墩瓦）。

（3）做边楞、斗老瓦头（做边楞比较关键，瓦铺设厚薄、弧度，滴水的角度等要掌握好）。

（4）筑脊（另详）。

（5）根据两边边楞滴水瓦，沿开间架线（线架在两边楞滴水瓦头角上），作齐檐基准线，砌檐口花滴的师傅称"齐檐师傅"，最上的称"头顶师傅"。铺底瓦前，"齐檐师傅"先根据齐檐基准线砌好滴水瓦，后沿进深方向架好进深线，若屋面弧势大，应在线上扣上铁钉，使基准线有弧度，便于按线铺底瓦。架线由"头顶师傅"和"齐檐师傅"负责，架好线后再铺灰铺底瓦。底瓦铺设要平整，敞口、小口（弯势过大）的瓦可敲碎做垫片。底瓦的厚薄、弧度由"齐檐师傅"控制。相邻的两楞底瓦不能高低不平，底瓦和底瓦间用瓦片垫好（一界三块断腰瓦片，断腰瓦片要垫稳、垫平底瓦，以防铺灰盖盖瓦时底瓦侧翻），其余空档用石灰砂浆垫实，铺好领头灰，沿口滴水瓦上先安放一张花边瓦，花边瓦下口退进滴水口2cm，花边瓦后根按紧，然后依次铺盖瓦，整楞铺好后，用直楞板直楞，盖瓦弧度、高低以边楞为标准（直楞时注意盖瓦不能脱脚）。殿庭可用规格（单位：cm）为24×24的斜沟瓦做底，用规格为20×20的瓦做盖瓦。

九、筒瓦屋面（素筒瓦）铺设

1. 歇山式（殿庭）筒瓦屋面（素筒瓦）铺设工艺流程

铁件安装→基层处理→分中排瓦当、划中、引线、弹线、钉瓦口板→堆瓦→铺落翼、戗角屋面→排山→直挺屋面→正脊→花瓶窑门竖带→水戗→赶宕脊→正吻、龙腰、暗花筒、竖带头堆塑。

2. 筒瓦和小青瓦面铺设的区别

（1）瓦口板式样不同。

（2）筒瓦屋面必须全部铺好屋面后，再搭设脚手，砌脊戗，小青瓦屋面则斗好瓦头后砌脊铺瓦。

（3）筒瓦屋面檐口沟头瓦上加设铁钉，套"檐人"。如屋面提栈超过6.5算，每4张盖筒设荷叶钉1只。

3. 筒瓦屋面的瓦件搭配（单位：cm）

大殿建筑底瓦用24×24（斜沟瓦），筒瓦用29.5×16（14寸筒瓦）。厅堂建筑底瓦用20×20，筒瓦用28×14（12寸筒瓦）。走廊、方亭建筑底瓦用20×20，筒瓦用22×12（10寸筒瓦）。

4. 筒瓦屋面的用料比例

屋面瓦件数量一般以20%（筒瓦）、80%（底瓦）的比例分排堆放。

十、屋脊

屋面与屋面交接处或屋面与梁枋、墙面交接处要设屋脊。

屋脊按所处的位置的不同，可以分为正脊、戗脊、赶宕脊、环包脊等。按两端用的纹头、吻不同，可分为龙吻脊、鱼龙吻脊、哺龙脊、哺鸡脊、纹头脊、雌毛脊、甘蔗脊、游脊等。脊由吻（纹头）部分和脊身组成，脊的中间称"龙腰"，"龙腰"位置按建筑的性质可以堆塑龙凤、三星高照、刘海戏金蟾等饰件。

1. 龙吻脊

龙正吻脊有堆塑、有窑货，窑货正吻分五套龙吻、七套龙吻和十三套龙吻等，正吻之高低，因工匠手法出入、地方区别，难有精密之规定。应随势审定，务使不卑不高（图2-14～图2-16）。

图2-14 龙吻脊（上海、浙江等地的式样）

图2-15 龙吻脊（窑货）

图2-16　龙吻脊（堆塑）

2. 鱼龙吻脊

鱼龙吻脊，鱼身龙头，窑门顶至鱼尾最高点的尺寸约为1.2倍正脊高，从侧面看，鱼尾垂直丰满，构件对称。正面视之造型逼真，线条流畅，威武而不狰狞（图2-17）。

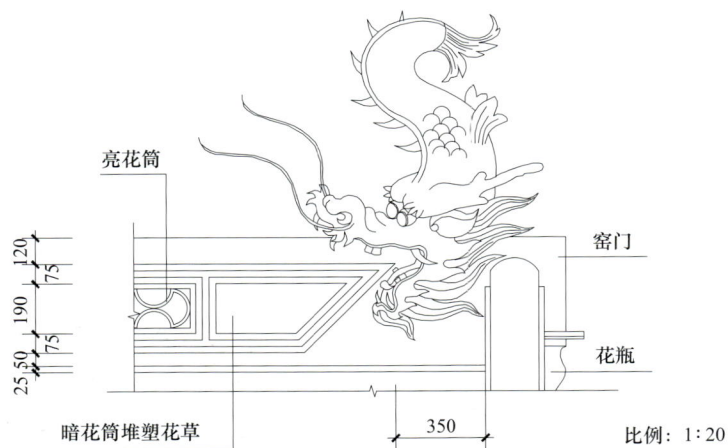

图2-17　鱼龙吻脊（单位：mm）

3. 哺龙脊

哺龙脊有二式，一式脊身用花筒，龙身塑鳞片，尾巴盘绕（北派）。还有一式是龙头，尾部同哺鸡（南派），脊身竖立排小青瓦，如果要降低脊高度，也可以在瓦条上直接砌盖筒（图2-18）。

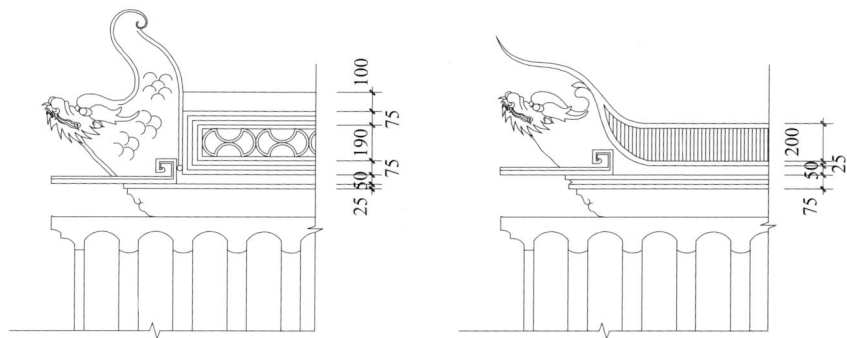

图2-18 哺龙脊（单位：mm）

4. 哺鸡脊

哺鸡脊有闭口哺鸡、开口哺鸡、铁花哺鸡等式样。尾、嘴、托盘砖、嫩瓦头锁口外口应在一条垂直线上，俗称"五平头"（图2-19）。

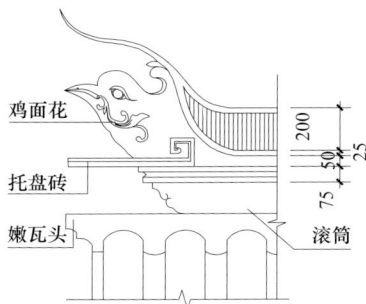

图2-19 哺鸡脊（单位：mm）

5. 纹头脊

纹头脊有围纹纹头、藤茎纹纹头、香柚纹头、石榴纹头、桃子纹头（果子纹头）、蝙蝠云纹纹头等式样。一般纹头出挑至嫩瓦头平，滚筒或螳螂肚起砌点为第二或第三楞盖瓦中（图2-20）。

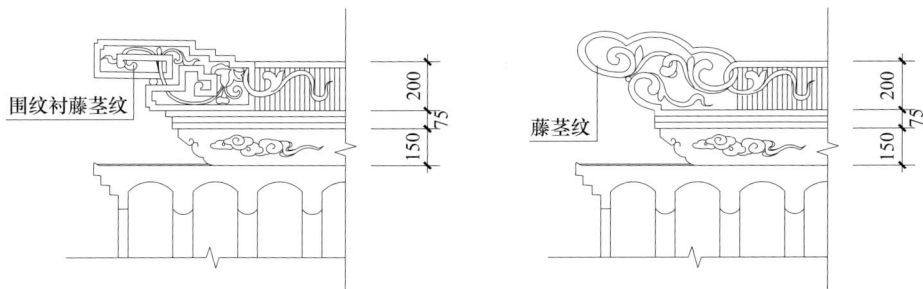

图2-20 纹头脊（单位：mm）

6. 雌毛脊

雌毛脊又名"翘屋脊"，现在吴中区胥口一带能见到此类做法，一般用于民居，不设滚筒，在背脊上砌交子缝、瓦条，起翘用"铁扁担"，扁担头先放一张滴水瓦，依次排小青瓦，至螳螂肚位置青瓦逐步竖直。瓦顶粉"盖头灰"，如图2-21所示。

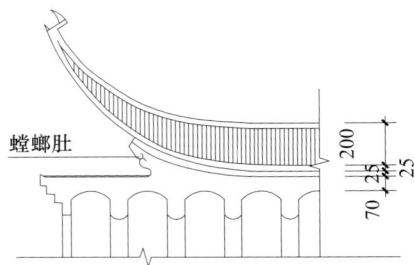

图2-21 雌毛脊（单位：mm）

7. 甘蔗脊

甘蔗脊一般用于附房或边间，施工方法是在已做好的背脊上打瓦墩，瓦墩自边楞盖瓦中起打，逐张垒叠，每张间铺灰，以防晃动，高度同脊瓦高。随即在背脊上笃（铺）"领头灰"紧靠瓦墩排瓦，排瓦要垂直，沿开间方向拉线，以防排瓦游曲。排瓦从两头朝龙腰排列，龙腰做"燕子窠"，种葱花。筑脊瓦每隔100cm～200cm打一瓦钉，挤紧筑脊瓦，然后"拓脚头"，粉"盖头灰"（图2-22）。

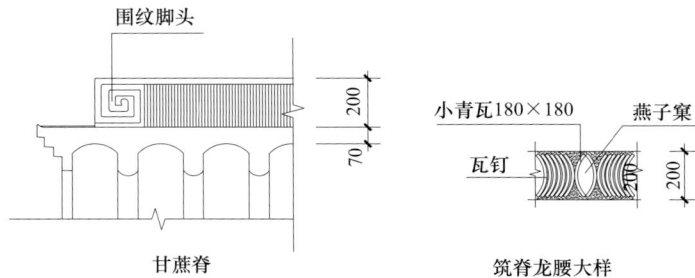

图2-22 甘蔗脊（单位：mm）

8. 游脊

游脊一般用于围墙、附房，其砌筑方法较简单，在背脊上划出边楞中线，采用"断腰瓦"打墩，垒叠1～2皮，笃（铺）"领头灰"，小青瓦依墩斜排，视当手师傅的手法，角度在30°左右，小青瓦搭盖2/3左右（图2-23）。

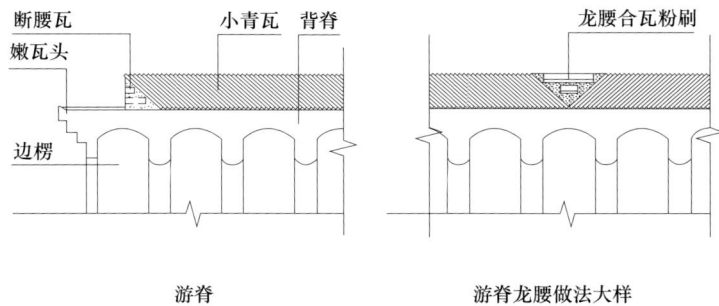

图2-23 游脊

十一、脊身之构造

1. 一瓦条筑脊

一瓦条筑脊一般由背脊、交子缝、瓦条、脊瓦、盖头灰组成，脊高在32cm左右。

2. 二瓦条滚筒脊

二瓦条滚筒脊一般由背脊、滚筒、瓦条、交子缝、瓦条、脊瓦、盖头灰组成,脊高在51cm左右。

3. 滚筒三线脊

滚筒三线脊一般由背脊、滚筒、瓦条、交子缝、瓦条、宿塞、瓦条、脊瓦、盖头灰组成,脊高在60cm左右。

4. 五瓦条亮花筒脊

五瓦条亮花筒脊一般由背脊、滚筒、瓦条、宿塞、瓦条、交子缝、瓦条、线脚砖、亮花筒、线脚砖、瓦条、交子缝、瓦条、盖筒组成,脊高在78cm左右。

5. 七瓦条亮花筒脊(分亮龙筋和暗龙筋)

七瓦条亮花筒亮龙筋脊一般由滚筒、瓦条、宿塞、瓦条、交子缝、瓦条、亮花筒镶边、亮花筒、亮花筒镶边、瓦条、字碑(暗花筒)、瓦条、亮花筒镶边、亮花筒、亮花筒镶边、瓦条、交子缝、瓦条、盖筒组成,脊高在150cm左右。脊内设吻桩、皇脊钉、皇链,暗龙筋脊有背脊者设万年圈。亮龙筋脊需设尼姑瓦、蟹脐瓦、和尚瓦,和尚瓦下设"鹤膝",滚筒内设"燕尾砖"、"千斤砖",脊一般两头高,中间低,成一弧线。按建筑物的体量大小还可设九瓦条、十一瓦条、十三瓦条亮花筒脊(图2-24,图2-25)。

图2-24 亮龙筋七瓦条正脊立面图

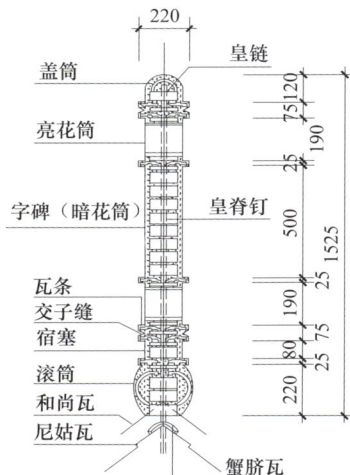

图2-25 亮龙筋七瓦条正脊剖面图(单位:mm)

十二、苏式水戗

水戗是南方古建筑的特征,其势随老嫩戗(木戗)的弧度。戗端逐级出挑上弯。一般勾头瓦较四叙瓦长,四叙瓦较朝板瓦长,朝板瓦较滚筒头长。勾头需水平,如图 2-26 所示。

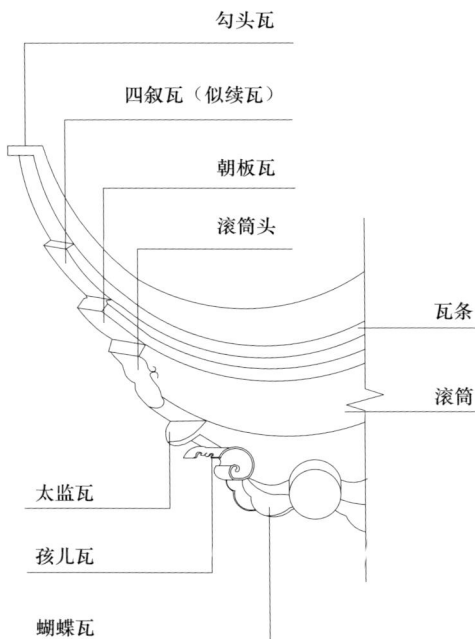

图2-26 水戗示意图

1. 水戗的作用

（1）保护木构件的作用

在屋面两坡之间,盖底瓦的交界处易渗漏。在交界处设置戗脊满足使用功能要求,主要能使木结构不受到外界雨水的腐蚀,延长古建筑使用寿命。

（2）装饰作用

戗角设在屋面合角处,还能起到装饰的作用。优美飘逸的藤径戗、小巧玲珑的开口戗、庄重神圣的勾头戗等,它的美学理论和观测效果造就了古代建筑的艺术风格和技术精华,所以戗在不同的屋面发挥着不同的作用,展示出了神韵、气魄和魅力。

2. 水戗的式样

（1）按木结构不同,有老戗嫩发、嫩戗嫩发。

（2）按戗头装饰不同,有勾头戗、藤茎戗、如意头戗、龙凤戗等。

（3）按吞口造型不同,有螳螂肚、围纹吞口等。

（4）按吞口所处位置不同,有砌嫩瓦头的、有直接砌在蝴蝶瓦上的。

3. 水戗的施工工艺

水戗尾端节点,用于攒尖式的直接水戗相交。歇山式用环包脊的,戗根和环包脊相接。歇山式设竖带的,水戗和竖带相接,竖带有花筒,水戗根部同样要砌花筒,高度同竖带高。戗根出进和竖带头在一条线上。

砌戗前,在水戗位置预埋好铁件（用于固定上部戗挑之用）,嫩戗头背面设拐子钉,然后斗老瓦头、挨瓦挡、砌背脊（18cm×18cm小青瓦二皮）,俗称"合背脊"。拐子钉支"孩儿瓦",孩儿瓦之上设"太监瓦",背脊粉糙坯。以上为滚筒、瓦条、交子缝、瓦条。瓦条内设弯形"铁扁担",用于固定"朝板瓦"、

"四叙瓦"、"勾头瓦"。水戗长度无一雷同，一般六角亭、方亭的尺寸在120cm～140cm左右，还有更长的（视建筑物体量大小）。"铁扁担"锻造较为讲究，一般要经过多次锻打成型，有一定刚度才行，"铁扁担"头之钩头瓦，安装要水平，"铁扁担"底下朝板瓦、四叙瓦从戗根向戗头顺势收分，如竖带之上砌暗亮花筒者，则戗根瓦条以上设暗亮花筒，暗花筒内可堆塑花草图案等。戗根设果盘座，果盘座用方砖制作。果盘座底堆塑吞口，其形如龙头。

水戗发（砌）好后，准备粉其表面，粉戗用水泥纸筋（三夹鲜）或水泥砂浆，砂浆内宜加"黑气"，按顺序依次粉背脊、瓦条、滚筒、盖筒，一条水戗两边同时进行粉刷。背脊侧面靠眼力用"三夹鲜"粉平，然后上三角尺分段粉背面。要求弧线流畅，无"跌死弯"。瓦条、交子缝部位，先粉侧面，然后上下面，用特制的"扯模"从头到戗根划样线、扯瓦条、交子缝。瓦条、交子缝造型出来之后，如有高低、游曲的地方，修整后，重新用"扯摸"扯上一遍，直到弧度流畅、进出达到要求。滚筒用"螺壳模"粉扯。戗脊盖筒同样采用"螺壳模"粉扯，外挑部位的孩儿瓦、太监瓦、四叙瓦等，按传统式样用"三夹鲜"粉塑而成。戗根果盘座上可塑东桃、西石榴、北香柚、南佛手等花样。

第二节　堆塑

堆塑艺术是较为突出的一种表现形式，历来被誉为"凝固的舞蹈"或"凝固的诗句"，以静态的造型表现运动，是苏州传统建筑中由来已久的一种独特的装饰艺术。苏帮匠人堆塑主要是建筑堆塑，取材简单。堆塑多用亭台楼阁、树木、花卉或飞禽走兽，以衬托各种历史人物或神像和神话传说为题材，配以形形色色的花纹镶边，每一幅堆塑作品寓意一个历代故事或典故。

一、苏式堆塑工艺

1. 堆塑的施工工艺

（1）扎骨架：用钢筋、铁丝或木竹料，按图样扎成人物或飞禽走兽造型的骨架。主骨架需与屋脊或墙面结合牢固。

（2）刮草坯：用水泥纸筋堆塑出人物的初步造型，打草用的水泥纸筋中的纸脚可粗一些，每堆一层需绕一层麻丝或铁丝，以免豁裂、脱壳，影响作品的寿命。

（3）细塑、压光：用铁皮条形溜子按图精心细塑，切勿操之过急。水泥纸筋中的纸脚可细一些，水泥纸筋一定要捣到本身具有黏性和可塑性才可使用。压实是关键，用黄杨木或牛骨制成的条形，头如大拇指的溜子把人物或动物表面压实抹光。抹压到没有溜子印，发亮为止。

2. 人物的堆塑

要堆塑人物，首先必须熟悉和掌握人体的比例和结构。人的身高比例一般以头的长度作为单位。对男女或成年人的比例有"立七"、"坐五"、"盘三"的说法。头部的比例有"三庭"、"五眼"的说法。

笑脸堆塑：嘴角宜向上翘或露上下牙齿，两眼要细长而向下弯。孩童面相头大面圆、目秀眉清、鼻短、口小、下颌多方、面颊肥嫩、常带笑容。美人像堆塑：鼻如胆、瓜子脸、樱桃口。三星样堆塑："福"，天官样、天官帽、朵花立水江涯袍，朝靴抱笏五绺髯。"禄"，员外郎，青软巾帽，绦带绦袍，携子又把卷画抱。"寿"，南极星，绾冠玄氅系素裙，薄底云靴，手拄龙头拐杖。建筑堆塑人物衣纹宜用"蚯蚓纹"，由于堆塑人物在建筑物上相处的位置较高，面部宜采用俯视，身体宜向前倾斜（图2-27～图2-30）。

图2-27 堆塑"团龙喷水"

图2-28 堆塑"三星高照"

图2-29 堆塑"和合二仙"

图2-30 堆塑"万象更新"

3. 动物、花草的堆塑

堆塑动物同样需要掌握动物的骨骼、结构、奔跑及行走姿态，如马走路时，前后蹄运动的方向相反，奔跑时四足应有一足着地等。堆塑花草，叶瓣要有翻折，有疏有密、有层次（图2-31）。

图2-31 堆塑"松鹤延年"

二、苏式堆塑的作用

1. 苏式堆塑是表示古建筑等级的主要标志

在封建社会里，古建筑可分为八个等级。屋脊砌筑得好坏与否不仅关系整个建筑的坚固持久，还是其建筑等级的重要标志之一。苏州地区的屋脊头做法有：龙吻脊、鱼龙吻脊、哺龙脊、哺鸡脊、纹头脊、雌毛脊、甘蔗脊、游脊。苏州文庙的大成殿黄墙、黄瓦，屋顶造型庑殿式。屋脊两端的龙吻高达200cm，外观威严、庄重，为苏州地区最高等级的建筑。一般庙宇、祠堂用鱼龙吻、哺龙脊、哺鸡脊，狮子林贝家祠堂为鱼龙吻，即鱼身龙头。民居采用纹头脊、雌毛脊、甘蔗脊、游脊。东山镇的春在楼也有不少堆塑佳作，前楼主脊为纹头脊，两边为东桃西石榴，造型逼真，各种屋脊显示着房主的身份和地位。

2. 苏式堆塑美化了古建筑

堆塑艺术既有它的特点，也有它的局限性。堆塑只能表现一个瞬间的动作和神态，无法像戏剧、电影那样运用连续的、有声有色的形象、生动的故事情节和丰富的语言以及环境的烘托等表现手法来吸引观众；也不能像文学作品那样，通过优美的文字描写情节的发展、人物的性格、心理活动以及形象动态和景物使读者去感受和深思。堆塑主要以人物形象本身来表达主题思想，给人们以直接的、强烈的印象，从而引起观众的共鸣或联想。在造型艺术领域里，堆塑与绘画有着明显的区别。绘画是在画面上用线条、明暗、色彩、形体、透视关系等手段来描绘形象，使观众产生立体感和空间感的错觉的一种艺术。而堆塑则是各种物质材料制成的具有实在体积的艺术形象，因此它是一种可触感的艺术。堆塑的形象本身不存在透视关系，只是因为观众的视点不同、放置位置的高低不同、光线不同使人产生各种不同的感觉。堆塑与建筑密切结合，是一种用来装饰美化建筑物的艺术。我国古代宫殿、寺庙、塔、住宅等都有许多以人物、动物、禽、鸟、鱼、虫、花卉等为题材的堆塑。建筑有了这些堆塑装饰就显得更加宏伟、美观。

3.苏式堆塑有区分古建筑性质的功能

堆塑的题材、构思、构图，这三者既有区别又有紧密的联系。

堆塑题材匠人一般选用吉祥图案、历史人物、动物等。中国古人说："一曰寿，二曰富，三曰康宁，四曰筱好德，五曰考终命。"民间也把"五福"解释为福、禄、寿、喜、财。而动物图案，最为匠人所喜用，它们被赋予各种吉祥的寓意，广泛地用于造型艺术领域。选择什么题材，涉及作者对生活的认识及艺术修养。选择好题材后，就要对主题思想进行探索。什么叫主题？简而言之就是作者要在堆塑作品中表现的中心思想。一件主题鲜明的堆塑作品，不需要文字或作者介绍，一看堆塑形象就能明白，而且艺术形象会比实际生活更高、更集中、更强烈、更典型。

堆塑按其不同功能可以分为宗教堆塑、园林堆塑、民间堆塑。

（1）宗教堆塑，凡以宗教人物、故事为题材，以宣传宗教思想为目的堆塑作品。

佛教堆塑：佛教堆塑题材常用"西天取经"、"吉祥如意"、"活佛济公"、"寒山舍得"等。如苏州寒山寺藏经楼正脊龙腰堆塑的"西方三圣"脸部丰润、端庄、慈祥，不仅人物的形体结构正确、体态自然、服装合度，重要的是把人物的典型性格、思想感情都充分刻画出来。

道教堆塑：道教堆塑题材有"星宿人物"、"团龙喷水"、"暗八仙"等。如苏州玄妙观三清殿正脊龙腰的团龙体感结实有力、粗壮深厚，充分显示了苏帮匠人的聪明才能和精湛技术。

（2）园林、民间堆塑：园林、民间堆塑的题材较广，从表现手法来看，主要有象征、寓意和谐音等几种。

1）象征：凤、麒麟是人们想象中的瑞禽仁兽，以瑞禽仁兽及其他物象构成的传统吉祥图案有："丹凤朝阳"，中国古代把仪态万千的凤象征美丽、仁爱，用以歌颂太平盛世，也作为民间富贵、吉祥的祝愿。"凤戏牡丹"，凤与牡丹都是美好之物，象征着光明和幸福。"百鸟朝凤"，传说凤鸟原本是一种简朴的小鸟，它终年劳动，曾在大旱之年以劳动的果实拯救了濒临饿死的各种鸟类，众鸟为了感谢它的救命之恩，各自从身上选了一根最漂亮的羽毛献给凤鸟，从此凤鸟便成了一只极其美丽、高尚及圣洁的神鸟，被尊为百鸟之王。民间以百鸟朝凤象征吉祥喜庆和幸福的生活。"麒麟送子"，麒麟是传说中的神兽，是祥瑞的征兆。一童子坐在麒麟上，手持如意，象征人们喜得贵子。"双狮戏球"，狮子有威严的外貌，在古代被视为护法者，是建筑的守护者，为喜庆的象征。"万象更新"，过去在岁末年初、除旧迎新之时，有一句成语叫"一元复始，万象更新"。大象背驮万年青，象征财源不断、时运好转。

2）寓意：古往今来，人人都希望子孙绵绵、健康长寿，寄寓和祝颂的图案较多，如以葫芦喻子孙万代绵延不绝；以牡丹寓意繁荣昌盛；以仙鹤寓意长生不老等。鹤和青松组成的"松鹤延年"图，就是寓意长寿延年。

3）谐音：即是以同音或相近的音借喻某一吉祥事物。如蝙蝠喻为福，鱼喻为余（富余）等。这类动物图案有："福寿双全"，即以一只蝙蝠、二只寿桃、二枚古钱组成的图案。"福从天降"蝙蝠口衔仙桃，伴着祥云来意示幸福降临。"福海寿山"，图为海水中立一寿石，空中飞来几只蝙蝠，这是祝贺长寿的图案。用蝙蝠组成的图案还有"福在眼前"与"五福捧寿"等。用鱼组成的吉祥图案有："连年有余"，图中绘莲花和鲤鱼，表示对生活优裕、年年富裕的祝愿。"双鱼吉庆"，兔中绘两条鱼，以古钱或花草组成图案。在古代鹭也属吉祥鸟，它曾是六品文官的服饰标记。"鹭"与"路"谐音，"莲"与"连"谐音，把鹭与莲花组成图案叫做"一路连科"，寓意事业非常顺达，犹如考场接连登科。

堆塑作品主要反映出人们期盼消灾、延寿、平安、富裕、美满生活的心态。为此，人们常采用寓意的办法堆塑出丰富多彩、不胜枚举的吉祥图案，千百年来为人们所喜闻乐见。题材主要有"三星高照"、"刘海戏金蟾"、"松鹤柏鹿"、"五子登科"、"平升三级"、"五福拜寿"、"丹凤朝阳"、"和合二仙"、"麒麟送子"、"二十四孝"、"牛郎织女"、"天女散花"、"嫦娥奔月"、"沙滩救驾"、"金鸡荷花"、"鹊梅"、"岁寒三友"、"游龙戏凤"、"狮子滚绣球"等。

堆塑融入建筑，使其物质功能上升到精神生活领域，它除了起到美化的作用外，更主要的反映出建筑的性质等级。

第三节　砖细与砖雕

砖细、砖雕技术在我国已有两千多年的历史，早在战国时期我们的祖先就利用砖细砖雕来装饰建筑。到了明清时期砖细、砖雕走进百姓人家，技法也更加成熟，而且在苏州城外陆墓等地又是优质青砖的烧制地，为砖细砖雕提供了大批的优良材料，给工匠施展才华提供了条件。

一、砖细的概念

砖细，亦可谓"细砖"，顾名思义，就是在砖的基础上进行细致的加工（刨面、夹缝兜方、补磨），由此生成的砖料即为砖细。使砖的表面更加光滑，棱角分明。

二、方砖制坯

方砖分普通方砖和沥浆方砖。

1. 沥浆

用硬质泥块打成泥浆（在专用场地人工踩踏）→泥浆放于水池中加水搅拌→过滤（竹编过滤筛）→流入停放池（数月后）→脱水→使用。

2. 制坯

把熟泥放入木模内→压实→修面→脱模。

三、砖料产地

（1）浙江一带（嘉兴、嘉善、湖州等）。

（2）苏州一带（陆墓、太平、大东、常熟、北桥等）。

四、常用砖的品种

常用砖的品种有城砖、方砖、金砖、嵌砖、望砖、黄道砖、八五青砖、九五青砖、装饰条砖、花砖等。

五、砖料的规格尺寸

（1）望砖尺寸（单位：cm）：21×9.5×1.5、21×11.5×2

（2）方砖尺寸（单位：cm）：30×30×3.8、35×35×4、40×40×4.8、48×48×5.7、50×50×6、55×55×8、65×65×8、72×72×10、88×88×12、100×100×12

（3）嵌（槛）砖（单位：cm）：36×19×9

六、砖料加工工具

1. 传统加工工具

铁底刨、刨铁、兜方尺、寸凿、条凿、平凿、斜凿、三角凿、圆凿、作刀、木碳棒（现用铅笔）、线枋、塞锯、拉弓、三花钻、锯子、木槌等（图2-32）。

图2-32 雕花凿子、铁底刨、线枋

2. 现代加工工具

雕花机、电动拉弓机、角响机等。

七、做细望砖、方砖用途

常用于制作轩望、墙门、抛枋台口、门景、贴面、栏杆、库门、窗台、半墙面、屋脊、垛头、漏窗、铺地、字碑等。

1. 做细轩望

做细望砖常用于要求较高的建筑或轩的位置，按木椽形状，经刨、夹，补磨成型，有糙直缝望、平直望、茶壶挡轩望、船篷轩望、鹤胫轩望、一支香轩望等。轩望需根据椽样分块，缝、接触面加工。茶壶档轩望搭盖处施"盖柱"，轩望铺设结束，应铺压"芦菲"，护"灰砂"（图2-33～图2-35）。

图2-33 茶壶档轩望

图2-34 船篷轩望

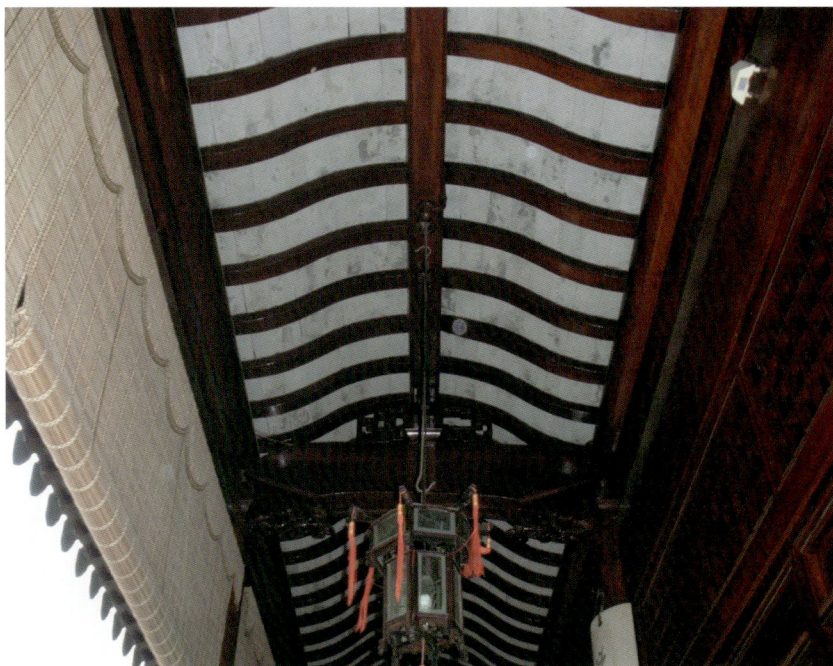

图2-35 一枝香轩望

2. 砖细（做细）抛枋

抛枋一般由线脚砖（承枋砖）、侧砖（砖枋）、木角线砖（即第一路飞砖，又称"一飞砖"。砖厚度4cm左右，出挑的外角下口常加工木角线）、托浑砖（又称"二飞砖"，托浑砖需双面加工，砖厚4cm左右，出挑部分加工成1/4圆形）、晓色（又称"三飞砖"，晓色出挑在12～15cm间，出挑部分外薄内厚）组成，承枋砖（托浑砖）线脚砖可加工成壶细口、鳝驼线造型。侧砖（砖枋）表面可雕刻线脚、一块玉、花草人物等，侧砖收头或阴阳角设脚头。加工前按图摘料、选料、开料，雕刻部分需绘制大样。砖料需色泽均匀一致，灰缝宽小于0.2cm（图2-36）。

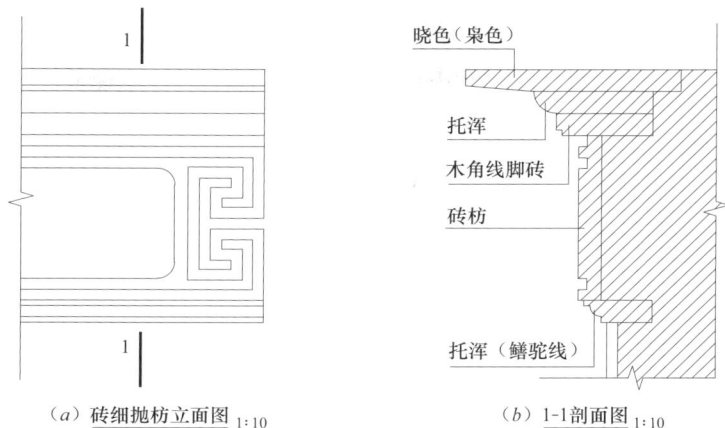

（a）砖细抛枋立面图 1:10　　　（b）1-1剖面图 1:10

图2-36　抛枋

标注：晓色（枭色）、托浑、木角线脚砖、砖枋、托浑（鳝驼线）

3. 砖细贴面

以做细方砖，加工成长方形、八角形、六角形等形状，镶嵌于墙面，周边设镶边线脚，下设勒脚细。砖细墙面有勒脚细、八角景、六角景、斜角景等。

（1）勒脚细

常用于外墙锁口石或阶沿石以上部位，也用于内墙饰面下部，高度90cm左右，有拖泥（4cm高）、侧砖（常用尺寸40cm×20cm）、压口砖（高4cm起鳝驼线）组成。搓缝砌贴，安装时，砖料和墙间留2cm左右作结合层用，锁口石或阶沿石略有高低，水平要在"拖泥"里借平。砖料砌贴平整，灰缝平直，线脚拼接顺直，灰缝宽小于0.2cm（图2-37）。

图2-37　勒脚细

（2）八角景、六角景、斜角景

常以40cm、30cm的方砖制作，中间整块拼接，周边以1/2或1/4砖收头，外围设镶边、线脚，下部常见勒脚、须眉座（图2-38）。

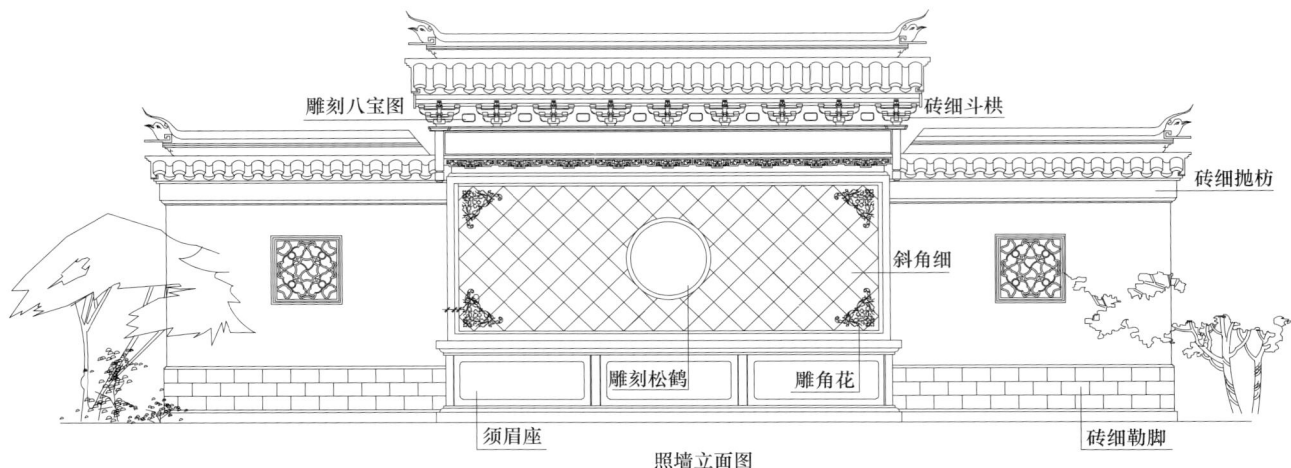

雕刻八宝图　　　砖细斗栱

砖细抛枋

斜角细

雕刻松鹤　　雕角花

须眉座　　　　　砖细勒脚

照墙立面图

图2-38　斜角景、勒脚细、须眉座

4. 地穴

凡走廊、庭园的墙垣辟有门宕，不装门户者，称之地穴。地穴以点缀园林为目的，式样不一，有方、圆、海棠、菱花、八角、如意、葫芦、莲瓣、秋叶、汉瓶诸式。量墙厚薄，镶以细砖，边出墙面寸许，边缘（看面）起线，旁墙粉白，雅致可观。

（1）地穴（月圆）

单料（双料）月圆地穴有用元宝石及用脚头地伏石二式，进深尺寸为墙厚加出口（出口一般凸出粉刷面寸许），单块宽度25cm左右，分块为单数（除元宝石外）。

1）用元宝石式

元宝石水平宽度80cm左右，元宝石看面设线脚，进深尺寸同砖料。线脚下口距离地面5cm，线脚式样同砖细出口线脚。砖料加工前需放大样，出单块样板，有开料加工、夹缝、线脚制作、试拼装、砖料编号、安装、补磨等工序（图2-39）。

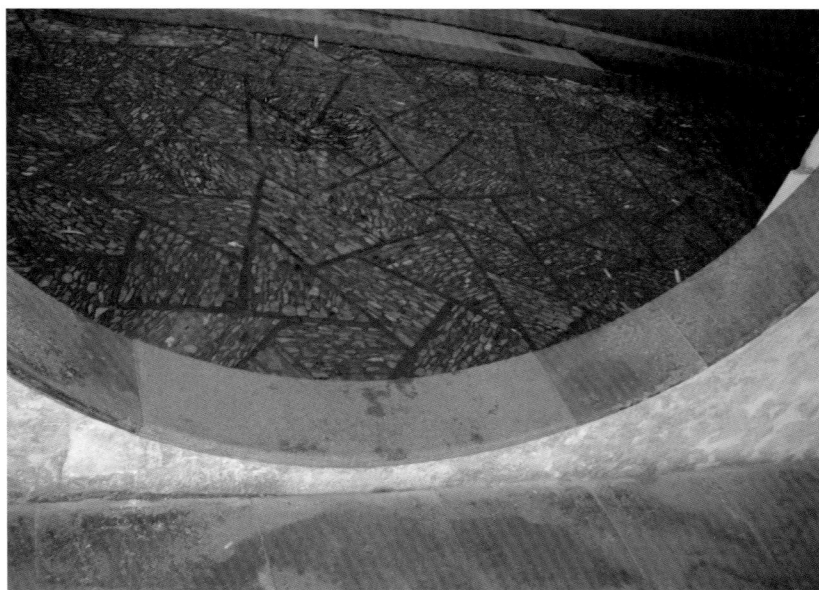

图2-39　带元宝石单料月圆地穴

2）单料（双料）脚头带地伏石式月圆地穴

两脚头之间尺寸为100～120cm，地伏石进深尺寸同月洞砖料进深尺寸，长度超出围纹脚头外边5cm。砖料分块同样为单数。工序同上，砖料加工表面光滑，楞角整齐、几何尺寸准确，色泽均匀一致。灰缝宽小于0.2cm（图2-40）。

图2-40 带脚头单料月圆地穴

（2）宫式茶壶档地穴

宫式茶壶档地穴是较常见的一种形式，顶板一般由3块或5块组成，档口高低一块砖料，侧板需等分。宫式茶壶档地穴经选料、开料、砖料划线、盖柱加工、线脚制作、割角、顶板拼装、安装、补磨等工序制作而成。加工的砖料表面光滑，楞角整齐、几何尺寸准确，色泽均匀一致。安装前在锁口或地伏石上划出侧板位置线，两侧板需平行兜方，和锁口或地伏石边线垂直，线脚拼接流畅，灰缝宽小于0.2cm（图2-41）。

图2-41 宫式茶壶挡地穴

5. 月洞、门窗景

墙垣上开有空宕，而不装窗户者，称之月洞。凡门户框宕，满嵌细砖者，则称门窗景。月洞按出口分有单出口、双出口。门窗景（套）看面有单料、双料或数料叠加，月洞有汉瓶、秋叶、葫芦、椭圆、海棠、莲瓣，门窗景有八角、六角等式。工艺流程及制安要求和地穴基本相似（图2-42）。

图2-42　八角砖细窗景

6. 砖细栏杆

砖细栏杆由槛砖、线脚砖、侧柱、芯子砖、拖泥组成，高50cm左右，常用于廊柱之间，槛砖起木角线，内设通长木条，提高栏杆之整体性。芯子砖可镂空、可刻花纹。槛砖长36cm，宽19cm，厚9cm。侧柱面宽9cm，芯子砖高度每间相同，宽度按实际尺寸调整，栏杆安装结束后，芯子砖四周外露"留白"宽度需相同（图2-43～图2-45）。

图2-43　砖细栏杆

图2-44　砖细栏杆

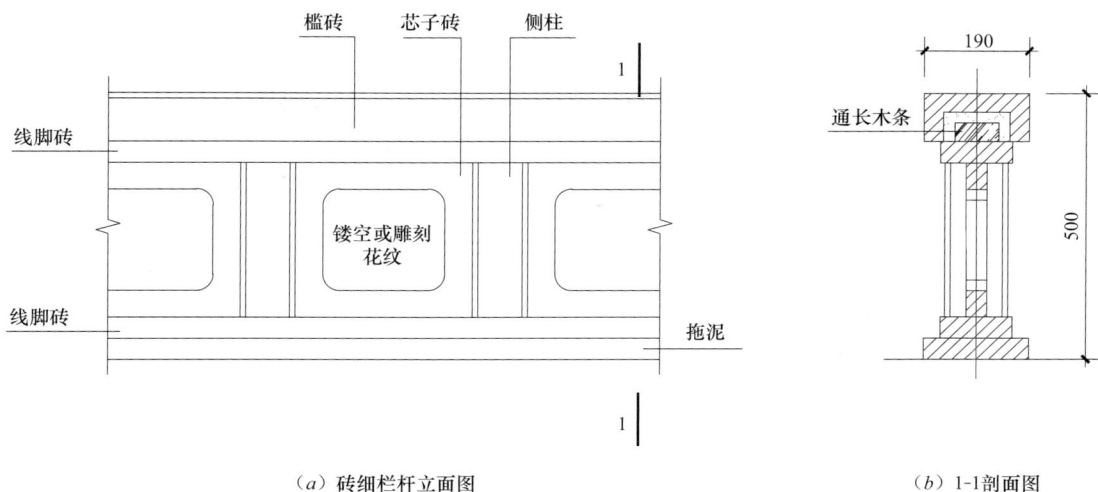

| 檻砖 | 芯子砖 | 侧柱 |

线脚砖

1

镂空或雕刻花纹

线脚砖

拖泥

1

（a）砖细栏杆立面图

190

通长木条

500

（b）1-1剖面图

图2-45 砖细栏杆大样图（单位：mm）

7. 砖细垛头

硬山式山墙墙体位于廊柱或包檐墙以外的部分，称之为垛头。垛头是山墙延续的部分，是硬山式山墙所具有的一种独特结构。如果硬山式建筑的前、后檐都有出檐部分，则前、后都有垛头。如果后包檐墙无出檐，则后檐无垛头，只有前檐有垛头。

垛头可以分为三个部分，其上部为挑出以承檐口部分，以檐口深浅之不同，其式样各异，或作曲线，或作飞砖，中间为方形之兜肚，下为承兜肚之线脚砖。

其上层挑出部分，依其形式及雕刻，可分为飞砖式、纹头式、吞金式、朝板式、壶细口式、书卷式6种（图2-46）。

图2-46 砖细（飞砖式）垛头

8.门楼及墙门

凡门头上施数重砖砌之枋或加牌科等装饰，上覆屋面者，称门楼或墙门。用于寺观之进门，以及住宅每进塞口墙之间。门楼及墙门名称之分别，在两旁墙垣衔接之不同，其屋顶高出墙垣者称门楼。两旁墙垣高出屋顶者，则称墙门。其做法完全相同。

砖细门楼及墙门按"底脚"平面可分八字垛头式、流柱衣架锦式。流柱衣架锦式常用于非重要之地，如边落。八字垛头式下枋以上较流柱衣架锦式复杂，除设上下枋、字碑、三飞砖等外，施加挑台、栏杆、斗栱等。屋面形式有硬山式、歇山式。

（1）八字垛头式（牌科）墙门

墙门门框为石料，两旁垂直之石框称枕。横架其上者称上槛，下横于地者称下槛，上下槛打铲口。门两侧做砖墩，称垛头，深同门宽。垛头内侧墙面作八字形称"扇堂"，作为门开启时依靠之所。扇堂斜度，以门宽的4/10为度。铺于垛头扇堂间下槛边之石条名地栿石。垛头下部做勒脚，上部架石条名"顶盖"，内并加横木名"叠木"，叠木起承重作用，外挂清水砖作枋形，称下枋。枋面出垛头寸许，枋面起线，两端雕围纹脚头，中间留长方形平面，称一块玉。枋面亦可施雕刻。下枋之上为仰浑、宿塞、托浑。托浑以上为大镶边，大镶边兜通成长方形，分作三部，两端方形部分称"兜肚"，中部称字碑，用以题字。字之四周围以字镶边，字碑、兜肚四周绕以大镶边。大镶边之上再施仰浑、宿塞、托浑、二路飞砖。再上则为上枋。上枋式样，一如下枋，枋底二飞砖开槽以悬挂落，枋之两端设荷花柱，柱之下端刻垂荷状，或做花篮、狮戏绣球等，其上端连于将板砖，旁插挂芽，将板砖连"定盘枋"，"定盘枋"以上为牌科。有一斗三升、一斗六升，一字牌科、丁字牌科均可。上部枋、桁、椽、屋面。屋顶视位置可用硬山或歇山，一般硬山式侧面牌科位置用靴脚砖，歇山屋面牌科兜通（图2-47，图2-48）。

图2-47　硬山式八字垛头墙门　　　　　　　　　图2-48　歇山式八字垛头墙门

（2）流柱衣架锦式墙门

流柱衣架锦式墙门下枋以上基本和硬山式八字垛头墙门相同，下部有所区别，不设八字垛头，做细柱称"流柱"，柱面宽14cm，凸出墙面5cm，下做合盘式鼓磴。扇堂设在厚墙内，如图2-49、图2-50所示。

图2-49　流柱衣架锦式墙门　　　　　　　　　　　图2-50　流柱衣架锦式墙门

9. 方砖地面

在古典建筑中，铺地的材料有木、石、砖。其中用途最广泛的要数砖。方砖铺地常用于室内。亭、廊铺地用30cm×30cm或40cm×40cm方砖，厅、堂铺地用40cm×40cm或50cm×50cm方砖，殿宇常用金砖铺设。传统方砖地面的基层为3∶7灰土，以河砂为结合层，拼缝镶以油灰，整洁美观。还有一种方法，灰土落低，在灰土上砌"地龙"或用小酒坛将方砖搁空，避免地面泛潮，而且有良好的声响效果，步履有声，别具匠心。此种地面大都用于卧室。铺设方砖地面前先放出开间中线、水平线，去方砖侧面之下口口角，使方砖铺设时更紧密。一般铺设方法为方砖坐中，从主入口向进深方向铺一排方砖，以此排方砖向左右铺设，拼接（不是整块的）放在左右两边及后身。油灰缝饱满，缝宽在0.2cm左右。待灰缝达到一定强度后，补、磨，清理表面，讲究的可揩桐油（图2-51）。

图2-51　方砖地面

10. 砖细字碑

字碑之外形或方、或扇形、或书卷形,刻字技法有阳文、阴文、线刻等,镶边可用单料、双料或数料组合,镶边施以线脚或刻浮雕,字体贴金、填绿、撒煤、撒砂等。刻字前需排字样,即把(1∶1)字样贴在已制作好的砖料上试排,使字样放在字碑最合理的位置,而后拓样、雕刻、打磨、做底、贴金、撒煤等(图2-52)。

图2-52　撒煤书卷字碑

八、砖细辅助材料

油灰、801胶水、白水泥(灰缝填充料),普通水泥、砖细灰(补砖用),509胶水(拼接用),有机硅、砂纸等。

九、砖雕

砖雕是一种"细活",雕刻时要用"软硬劲"。雕刻人员不仅要心灵手巧,而且要有一定的美术基础,砖雕对砖料也有相当高的要求。

1. 砖雕技法

砖雕技法复杂多样,有线雕、平雕、浅浮雕、深浮雕、镂雕、圆雕。

(1)线雕,以刀代笔,在砖面上将图案花纹的线条凿成"V"形纹,其手法和效果与绘画的白描手法相同。

(2)平雕,即刻出的图案中凹下去的地方和凸起的雕刻面都是平面,深度都在2cm以内。如围纹等。

(3)浅浮雕,也称"薄肉雕",图案凸出雕地较小。

(4)深浮雕,也称"高浮雕",图案凸出雕地大于5cm,层次多,有一定的立体感。

(5)镂雕,具有一定雕凿难度,层次多,有较深的视野,镂空部分有很强的立体感。

(6)圆雕,造型生动有神,表面光滑丰满,除底部相接触的一面外,其余凸出部分均镂空雕刻。

2. 砖雕步骤

（1）选砖、加工

砖料敲试声音清脆，质地均匀、细腻、密实，最好是沥浆砖，无色差。按要求尺寸刨面、夹缝、兜方，大面与侧面垂直成90°。

（2）绘稿、上样

绘稿即在纸上勾画图案，将勾画好的图案（1：1）上浆，贴在砖料上（多块组合的需组装贴样），图稿一式两份，一份贴在砖料上，一份供雕刻时参考。

（3）打坯

留线去水塘（空档）之地方，再进行图案雕刻。把所需雕刻的人物、花草动物等轮廓、造型准确地刻画出来。"压"出高低，不能一次雕刻到位，可根据备样随雕随画，分层雕刻。

（4）修光、破面

可分两步进行，先地（底）后面，在坯料的基础上，进一步加工，完善造型，然后"修光"、"开相"、"破面抄筋"、修整。

（5）试组装、接线

多块组合的砖雕作品，在单块雕刻时，拼接处打好坯后不雕琢，试组装后统一雕刻。

（6）补、修、磨

砖质较脆，在雕刻过程中难免有"爆口"等情况，还有砖本身的质量（砂眼、喜蛛窟），需用砖细灰补填，再修、雕、磨。

3. 安装

（1）装贴

砖块浸水，背面用元宝榫或铁丝和墙体连接，精心校正雕刻件，灌水泥砂浆结合，拼缝处采用油灰或其他材料。

（2）整体补、修、磨

安装结束，待油灰缝干后，去除凸出的灰料，修补安装过程中的损坏，打磨，上防水剂（图2-53、图2-54）。

图2-53　浅浮雕

图2-54　浅浮雕、深浮雕、镂雕

第四节　花窗

　　苏式花窗亦称漏窗，在园林古建中的作用在于巧妙地运用一个"漏"字，使园林景色更为生动、玲珑，达到景中有景，景外有景，小中见大的效果。同时，这些漏窗图案在长廊、粉墙上亦成为一幅幅精美的装饰纹样，为园林建筑增色不少。

　　漏窗的外形不一，有圆形、长方形、正方形、六角形、扇形、菱角形、秋叶形、锭胜形、汉瓶形等，框中构图，更以用料不同而异，初仅以瓦片配搭而成，后以木片钉搭，绕以麻丝粉刷。造图构形，更无限制，可随设计者之匠心，而成精美之花纹。常见的窗芯有寿字、双喜、万字、金钱、万川、八角灯景、席锦、芝花、海棠、藤茎、琴棋书画、梅兰竹菊、蝴蝶、蝙蝠、松鹤、柏鹿、龙凤等。

　　漏窗窗芯全由直线条组成，称为硬景漏窗；由弧形线条组成的，称软景漏窗；由直、弧线条混合组成的，称为软硬景漏窗；经放样、牵（扎）架子、堆塑而成的漏窗，称为堆塑漏窗。

　　漏窗有以砖瓦等为骨架用纸筋、水泥砂浆粉刷而成的。亦可用砖瓦加工拼搭而成的，前者称为混水或堆塑漏窗，后者称为清水漏窗。

一、混水漏窗制作工艺

　　1.混水软景漏窗的传统制作工艺

　　（1）象形混水软景漏窗传统制作工艺（如蝴蝶、龙凤、蝙蝠）。

　　1）工具：线锤、兜方尺、三角直尺（每面宽为望砖厚加粉刷层，在1.8～2.2cm）、弯尺（按各种筒瓦、板瓦断面制作，尺宽1.8～2.2cm）等。

　　2）制作木框，木框内净尺寸为内镶边之间的尺寸，在木框内铺上砂待用。

　　3）根据漏窗窗芯图案准备材料，把蝴蝶瓦、各种规格的筒瓦、望砖，锯成5～8cm条状（尺寸按墙厚调整）。

　　4）在木框内（砂盘内）按图拼搭成型，待用。

　　5）在墙面预留洞内划出"衬墙"位置，砌"单吊"墙，用纸筋粉平，弹米字格，砌镶边，边架芯子，自下而上，把砂盘内排好的砖瓦一块一块砌到预留洞内，瓦与瓦、瓦与砖的节点处采用水泥纸筋加麻丝加固，提高整体性，砌好后（2～3天）拆除"单吊"墙，然后两人各一面配合粉刷（图2-55，图2-56）。

图2-55 "混水"软景漏窗

图2-56 "混水"软景漏窗

（2）普通混水软硬景漏窗的传统制作工艺。

1）工具同上。

2）在墙面预留洞内划出"衬墙"位置，砌"单吊"墙，用纸筋粉平，划出内线脚边线及米字格，参考图纸用准备好的直尺、弯尺放样。

3）根据放好的图样，砌镶边、架芯子，瓦与瓦（瓦与砖）的节点处采用麻丝和纸筋固定，砌好后（2～3天）拆除"单吊"墙，然后两人各一面配合粉刷。硬景漏窗亦可用木板钉搭而成，粉刷前以麻丝纸筋打底，防止粉刷层脱落（图2-57，图2-58）。

图2-57 "混水"硬景漏窗

图2-58 "混水"软硬景漏窗

2. 软硬景（混水）漏窗的革新制作工艺

（1）作台制作（能放2～3只漏窗的大小，作台面板厚4cm，作台高75cm，宽比漏窗每边宽出10cm）。

（2）定芯子看面尺寸（看面一般1.8～2.2cm，进深尺寸看墙厚）。

（3）制作弯尺、角尺（弯尺一般按各种筒瓦制作）。

（4）在作台上铺上夹板或油毡。

（5）在夹板或油毡上放样，划出内线脚边线、漏窗芯子的中心线（硬景），打好米字格（软景）。

（6）用专用弯尺、三角直尺放样（按图放1:1大样图），一般在油毡上用粉笔放样，要求较高用铅笔在夹板上放样；放好样后，按图检查，是否有漏画芯条。

（7）描出芯子中心线、靠近芯子的第一路线脚的中心线。

（8）芯子骨架制作。铅丝网两层格对格折叠压平，网格尺寸0.8cm左右，碰焊铅丝网。

（9）偏中钉钉，依钉弯铅丝网，节点用铅丝绑扎固定。

（10）用1:2的水泥砂浆粉糙，糙芯看面1.2cm，3～4天后起钉、清理后放于"作凳"上两人配合粉刷，要求芯子横平、竖直，表面平整，芯子看面厚薄一致，水塘大小合理，芯条上下面平整、口角整齐。

（11）安装花窗。在预留的洞上标出需要的标高，砌底边、镶边，把粉好的花窗安装在预留洞内的镶边上，花窗需横平竖直，花窗看面与墙面平行，然后砌侧面镶边、顶面镶边。

（12）镶边粉刷。镶边看面尺寸同窗芯尺寸，进深尺寸除漏窗进深尺寸外，一般两边均分。

漏窗外框可采用钢筋混凝土制作，增加漏窗的整体性。

二、砖细漏窗（又称清水漏窗）

用方砖或瓦片加工后拼砌而成，有软硬景、藤茎等各种图案。

1. 砖细软景漏窗的制作工艺

（1）砖料加工

砖料需双面加工，砖料平整兜方，侧面和正面为90°，如需数块拼接，可先用509胶水胶合，拼接需平整，砖料厚度按要求，可用方砖或金砖。

（2）放样

放1:1漏窗大样图，把1:1漏窗图样贴在砖料上。

（3）雕刻

在水塘（不用部分）内打眼，采用拉弓机去多余部分。第一路镶边和芯条整体雕刻成形。

（4）侧面、看面加工

侧面打磨去锯痕，看面起竹片浑、圆木角等线脚。

（5）镶边制作

镶边用方砖锯成条（片），看面宽度同芯条，进深尺寸按各路线脚要求尺寸。

（6）安装

先安装底口镶边、窗芯、侧壁、顶面镶边，数路镶边接缝宜在同一位置，给人以整洁的感觉。

（7）补、磨

灰缝清理，高低打磨，口角、"喜蛛窟"修补（图2-59）。

图2-59　砖细漏窗（软景）

2. 砖细硬景漏窗的制作工艺

（1）绘样、摘料

根据漏窗（1：1）图样，摘取所需窗芯的长短、根数。

（2）砖料加工

砖料双面加工，按要求尺寸切砖片，加工看面、节点，表面补磨。

（3）拼装

节点用专用胶粘合，芯条和镶边节点用榫头连接。

（4）补、磨

灰缝清理，高低打磨，口角、"喜蛛窟"修补（图2-60）。

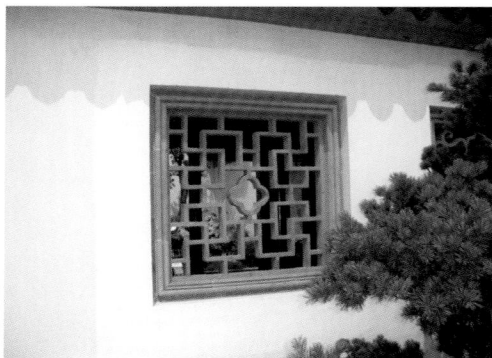

图2-60 砖细漏窗（软硬景）

三、堆塑漏窗的制作工艺

1. 扎骨架

用钢筋、铁丝，按图样扭成飞禽走兽、龙凤、藤茎、花草造型的骨架。主骨架需与墙体结合牢固。

2. 刮草坯

用水泥纸筋堆塑出龙凤、藤茎初步造型，打底用的水泥纸筋中的纸脚可以选用粗一些的，每堆一层需要绕一层麻丝或铁丝，以免豁裂、脱壳，影响漏窗的寿命。

3. 细塑、压光

用铁皮条形溜子按图精心细塑，忌操之过急。光面水泥纸筋中的纸脚可以细一些，水泥纸筋一定要捣到本身具有黏性和可塑性才可以使用。压实是关键，用黄杨木或牛骨制成的条形，头如大拇指的溜子把人物或动物表面压实抹光，抹压到没有溜子印、发光为止（图2-61～图2-66）。

图2-61 堆塑漏窗1

图2-62 堆塑漏窗2

图2-63　堆塑漏窗3

图2-64　堆塑漏窗4

图2-65　堆塑漏窗5

图2-66　堆塑漏窗6

第三章 木作

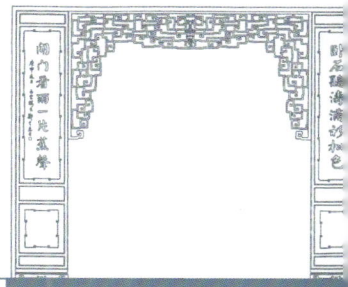

　　木作工程是以木材为原料，运用专业技术将自然的、原生态的木材，通过有计划、有目的、有序的加工方式，使其成为精确及严格形状的构件，进而成为建筑中的一个组成构件。由于使用功能及其所在位置的不同，木作工程又可以分为大木作和木装修两项分项工程。前者是古建筑的骨架，而后者则是建筑功能及修饰的附属构件，二者的结合形成了完善的古典建筑木作。

第一节　古建筑用木材的品种、技术要求及应用

一、木材的分类及一般用途

（1）木材的树种按树叶区分，可以分为阔叶树和针叶树两大类。阔叶树生长缓慢，树干欠挺拔，材质一般都较为坚硬，加工难度大，且资源量较少。阔叶树木材常用于结构的特殊部位，如负载较大的搭角梁，二至三间面阔的店铺骑门梁等构件。变形小、耐久性好、不易开裂的阔叶树木材也适用于高档的内装饰工程。针叶树树干高大、挺拔，材质纤维顺直，相对于阔叶树而言树干扭曲少，且资源量相对丰富，生长期短，易于砍削加工，是历来较为适宜的木构架用材及一般要求的木装修用材。

（2）若按材质的软硬程度区分，则可分为软木和硬木。一般情况下，软木的木纹顺直，变形小，耐久性能较好；硬木的木纹交织，开裂程度小。根据以上特征，制作木构架适宜用软木，装修、室内陈设用硬木较适宜。

（3）以木材的色泽区分，则可以将木材分为白木与红木两类。常见的木材都属于白木之列；红木则是深红色或黑色的木材。例如紫檀、鸡翅木等，且大都属进口材，主要用于高档装修及室内陈设、高档家具。红木材质坚硬，比重高，木纹细，不易变形、开裂、耐久性极好，是不可多得的木种。

（4）在苏南地区古建筑大木屋架制作使用的较为广泛的是杉木，也有用楠木、黄柏、松木做木屋架制作的。由于近代对木材的大量砍伐，大口径木已难觅。如果因为结构上有特殊要求，例如负载过大、要求构件规格尺寸加大等，则常用落叶松、进口材美松、柳桉等材料制作木构架。

（5）与木构架用材相比较，木装修用材的要求会更高。高档木装修用材除了要有一定的强度外，对耐久性、抗腐性、不易变形、不易开裂等方面的要求更高。此外，还要求色泽一致或基本一致，能近看、细看，视为上等木材。常用的高档内装修用材有楠木、银杏木、黄柏、香樟、柚木，甚至红木；中、低档的装修用材则为柳桉、杉木、曲柳等。其中的柚木和柳桉、红木为进口用材。

二、木材常见的几种缺陷

1. 木节

木节是树木分枝在树干上的留痕。木节可以分为三种状况：

（1）活节

节与周围木纤维结合紧密，如果活节的尺寸符合用材标准，则不影响使用。

（2）死节

节与周围木纤维蜕变或部分蜕变，则应该对其有条件地使用。

（3）孔节

节的位置已在木材上形成一孔，要有条件地使用该类木材。

2. 裂缝

（1）轮裂

轮裂是环木材年轮方向的裂缝，对构件使用有严重的影响。对轮裂范围较小、深度不大的轮裂木材应视情况，有条件地使用。

（2）纵裂

纵裂是沿着木纹方向的裂缝，开裂的原因是木材在干燥过程中因收缩变形，由原木的外围收缩应力大于内部收缩力而形成裂缝。过快的木材干燥（如人工烘干方式）易扩大裂缝幅度。由于木材材种、材质的差异性，裂缝的幅度也有所区别。一般材质松、木纹顺直的木材易开裂。使用有纵裂的木材应该根

据裂缝的大小、部位，合理的利用，将裂缝安排在影响木构件最少的位置。

（3）腐朽

木材腐朽、腐烂是木构件制作使用中的一大忌事。浅表的腐朽会影响构件的强度，重点部位的腐朽，例如榫卯、柱卯等位置，会影响构件正常工作，甚至形成构架的危险性。施工中不得使用腐朽变质的木材。

（4）变色或过轻的木材

与同材种木材色泽有严重明显的差异或其比重明显小于同材种的木材，在未确定其质量、性质时不能用于木构件的制作。

（5）木材含水率对强度的影响

木材含水率在纤维饱和点以内，其强度与含水率成反比，即含水率越高，木材的强度越低，木材的变形程度也就越大。

（6）斜纹对木材的影响

原木扭曲、原木大头与小头的直径悬殊，加工后得到的材料会增大木材的斜度。斜纹会影响木构件的强度和增加变形的强度。

（7）木材的收缩、膨胀变形

木材因内部含水率的增减，体积上会变化，这种变化会因地区间空气湿度的不一致，形成构件的外形变化，例如，在潮湿的南方地区做成成品后运到干燥的北方地区，成品的外形及内在构造都因木构件平衡含水率的变化而出现翘曲、结合部位缝道扩大等症状。

三、古建筑大木构架用材的技术要求

1. 对木材的含水率规定

（1）木构架柱、梁、枋构件用材含水率不得大于 25%。

（2）椽类构件、斗栱类构件、板类构件用材含水率不大于 18%。

（3）桁类构件含水率不得大于 20%。

2. 对木构件的斜率（斜纹）规定

（1）柱类构件斜率不得大于 12%。

（2）梁类构件、枋类构件、扳类构件、桁类构件、椽类构件、斗栱类构件斜率不得大于 8%。若用木纹交织的材种，例如香樟制作的构件，其斜率不受 8% 的控制。

3. 对木构件钝棱（花斑）的规定

（1）柱类构件露明部位不得大于钝棱宽度周长的 1/12。隐蔽部位不得大于周长的 1/10，且每根柱头的钝棱不多于一处。

（2）梁类构件钝棱宽不得大于面宽的 1/10，圆形梁类构件不得大于周长的 1/12，每根不多于一处。

（3）枋类构件钝棱宽不得大于所在面宽的 1/10，每根构件不多于一处。

（4）板类构件单看面（正面）不得大于钝棱宽板厚 1/4，两面正板类构件不允许。

（5）桁类构件钝棱宽不得大于周长的 1/12，每根允许一处。

（6）椽类构件钝棱宽不得大于面宽 1/10，每根允许一处。

（7）斗栱除排条外不允许有钝棱。

（8）斗栱排条钝棱宽不大于所在面宽 1/10，每根限一处。

4. 虫蛀

除柱类构件允许表面层有轻微虫眼外，其余各构件都不允许有虫蛀眼。

5. 髓心

除斗栱外，其余构件都不限。

6. 腐朽

所有构件都不允许使用腐朽之材。

7. 木节

（1）柱类构件在任何面、任何 15cm 长度内所有木节尺寸的总和不得大于所在面宽的 2/5。

（2）梁类构件受压区任何 15cm 长度内所有木节尺寸的总和不得大于所在面宽的 2/5；在构件受拉区，任何 15cm 长度内所有木节总和不得大于所在面宽的 1/3。

（3）枋类构件任何面、任何 15cm 长度内所有木节尺寸总和不得大于所在面宽的 1/3，死节面积不得大于截面积的 1/20，节点榫卯处不允许有死节。

（4）板类构件任何 15cm 长度上所有木节尺寸的总和不得大于所在面宽的 1/3，节点部位不允许，漏节不允许。

（5）桁类构件任何 15cm 长度内所有活节总和不得大于所在部位面宽的 1/3，单个木节不得大于桁条直径 1/6，榫卯部位不允许有木节，不允许有死节。

（6）椽类构件死节不允许，活节直径不得大于所在部位面宽的 1/3。

（7）坐斗在任何一面，任何 15cm 长度内，所有木节尺寸总和不得大于所在面宽的 1/2。不允许有死节。

（8）斗栱之栱、昂构件在任何 15cm 长度内，任何一面木节尺寸总和不得大于面宽 1/4，榫卯附近不允许有节。

（9）牌条在任何 15cm 内，任何一面，木节总和不得大于所在面宽的 2/5，榫卯附近不允许。

8. 以下木材必须做木材物理力学性能试验，确定其强度后方能使用

（1）木构架用不熟悉的新树种制作。

（2）木材的重量或色泽明显与同材料有差异或可能已变质的木材。

（3）木材的年轮平均宽度大于 0.6cm。

（4）对木材性能、质量有怀疑的木材。

9. 大木构架根

根据现有木材干燥的装备条件，对制作大木构架的木材，首选采用自然法干燥，以延长干燥期，减少木材的收缩裂缝及变形。

10. 文物古建筑修复

对文物古建筑修复工程中的用材应尽可能使用与原构件一致的材料，或接近原材料的材质。

四、木装修用材技术要求

（1）耐腐性差、变形大的材料不得用于木装修用材。对于不熟悉的新树种应该经过试验，取得其性能结果后方能决定是否适用于木装修。

（2）木装修略有变形就会影响开关及正常使用，为减少木构件变形的可能性，木装修用材应经干燥处理，处理的方法可分为人工干燥法和采用自然干燥法，自然干燥法周期长，但干燥过程中的变形和开裂幅度要比人工干燥法小。经过人工干燥法处理过的材料其含水率应不大于 12%，经自然干燥法处理过的木材其含水率应达到当地的平衡含水率。

（3）木装修材还应符合下列要求：

1）在装修材矩形断面之短边上，单个活节的直径应该大于其宽度的 1/4，用做榫卯的部位不得有木节。

2）装修板材厚度在 2.2cm 以内的，单个活节的直径不应该大于 2cm，厚度在 2.2cm 上的板材，单个活节的直径不应该大于 3cm。矩形断面短边尺寸在 10cm 以内的，任何延长米内活节的个数不应该多于 2 个；断面短边尺寸在 10cm 以上的，任何延长米内的木节数量不得多于 3 个。

3）板材厚度在2.2cm以内的，任何延长米内活节数量不应该多于2个；厚度在2.2cm以上的，任何延长米内的活节数量不应该多于3个。

4）矩形断面短边尺寸在10cm以内的，不允许有死节，短边尺寸在10cm以上的，不允许有贯通的死节。

5）矩形断面尺寸在10cm以内的，木纹的斜率应在4%以内；断面尺寸在20cm以上的，木纹斜率应在6%以内。

6）板材厚度在2.2cm以内，木纹斜率应在10%以内；板材厚度在2.2cm以上的，木纹斜率应该在15%以内。

7）装修矩形材、板材，不得有腐朽、虫蛀状况，包括不得有浅表性虫蛀状况。

8）对矩形断面装修材，裂缝深度不大于短边尺寸的1/6，长度不大于构件长度的1/5。

9）板材的裂缝深度不大于板厚的1/4，裂缝长度不大于板长的1/4。若用胶合板替代木板，胶合板必须具有相当的耐久性、抗湿性能。且胶合板不能用于古建筑的外装修。

五、合理应用、综合利用有限的木材资源

（1）在木构件制作、安装的全过程中，必须自始至终地做好木材的节约用材和综合利用，达到材尽其用的效果，严禁大材小用、好材误用。

（2）为达到节约用材的目的，对用材顺序及要求做如下规定：

1）木构件的配料单编制依据是经过审定的施工图纸。编制好的配料单经过各工种负责人、项目技术负责人的审定后方可作为配料的依据。

2）对大木构件毛料，应有合理的构件加工余量，一般规格的大木构件长度加工余量在5cm左右，大型木构件可在8cm，特大型木构件，不能超过10cm。圆形构件直径加工余量应视构件具体形状而定，但一般在1.5～3.5cm以内。

3）在配料时，应按照配料单配料，其配料顺序是先配粗、大、长构件，然后由大到小配料，不得反顺序配料。

4）下料时应该审视木料，审定其优劣程度，事前发现原料的缺陷及优点，使之用于最适宜的构件。

5）下料方正、齐直，不因下料的质量影响构件的实际使用。

6）毛料构件应该注明构件的用途、名称，构件各就其位，预防重复构件或缺少构件的现象发生。

第二节 古建筑大木作法

一、抬梁式与穿斗式木构架

江南地区，主要的大木结构形式为抬梁式结构，偶尔用穿斗式结构。所谓抬梁式结构，是指长度在二界以上的梁，在其两端各设一柱，顶在梁底面，使得建筑内部柱的数量减少，空间增大。

穿斗式构架是指每一界设一落地柱，进深方向，柱与柱之间用川枋、水平枋、夹底枋等水平构件穿固，使之形成一个整体。穿斗式结构抗震性能及抗自然破坏能力强，是山区广泛运用的结构形式，在平原地区，此类结构形式常用于硬山边贴部位。

二、大木构架

1. 大木构架的概念

大木构架是指由若干数量的木构件，通过有序的组合，相互作用，共同工作，具有承载屋顶重量和抗自然影响能力的木质结构体系的总称（图3-1）。

图3-1 安装中的大木构架

2. 贴式屋架

贴式屋架是专指以某一建筑为单位，以纵轴方向一列包括柱、梁、枋等木结构组成的一组木结构体系。对其中的一列，称之为一"贴"。由于所在轴线不同，屋架可区分为正贴、次贴、边贴等。设在中间位置则称之正贴，设置在正贴旁的称之为次贴，设置在建筑左右两端的则称之为边贴（图 3-2）。

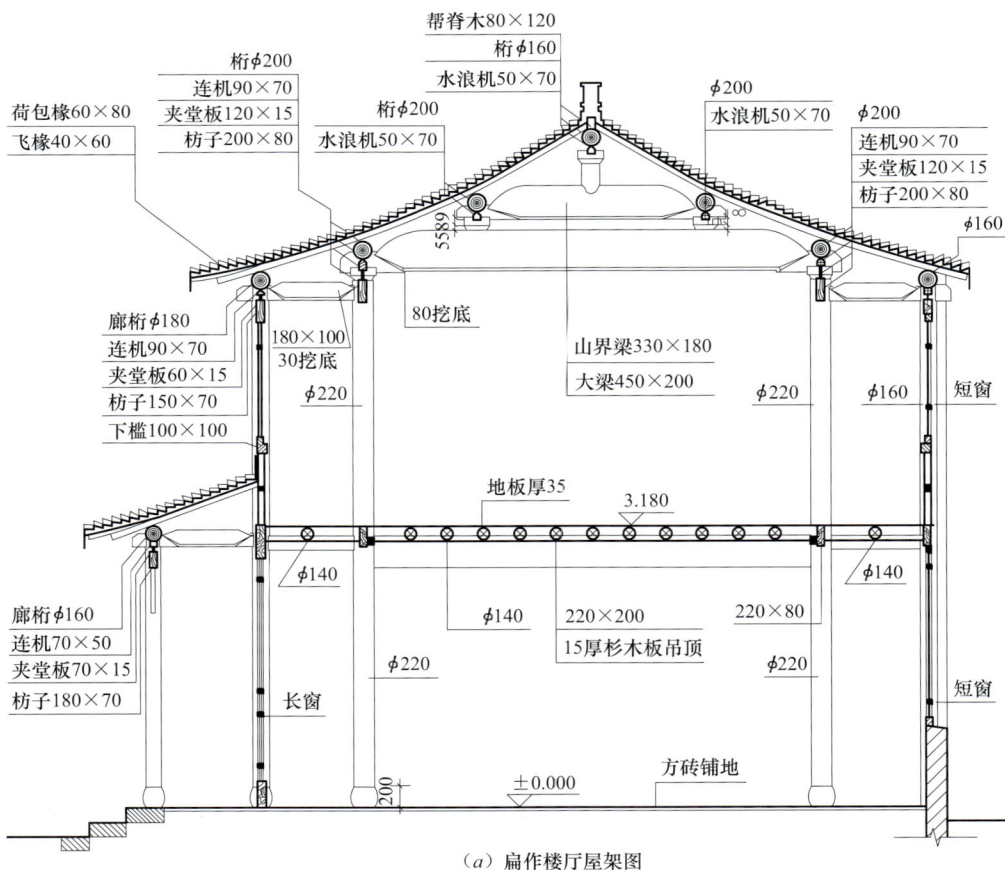

帮脊木80×120
桁φ160
水浪机50×70
桁φ200
桁φ200
连机90×70
夹堂板120×15
枋子200×80
荷包椽60×80
飞椽40×60
水浪机50×70
φ200
水浪机50×70
φ200
连机90×70
夹堂板120×15
枋子200×80
φ160
5589
廊桁φ180
连机90×70
夹堂板60×15
枋子150×70
下槛100×100
80挖底
180×100
30挖底
φ220
山界梁330×180
大梁450×200
φ220
φ160
短窗
地板厚35
3.180
φ140
φ220
φ140
220×200
220×80
15厚杉木板吊顶
φ140
φ220
短窗
廊桁φ160
连机70×50
夹堂板70×15
枋子180×70
长窗
φ220
200
±0.000
方砖铺地

（a）扁作楼厅屋架图

图3-2 贴式屋架（单位：mm）（一）

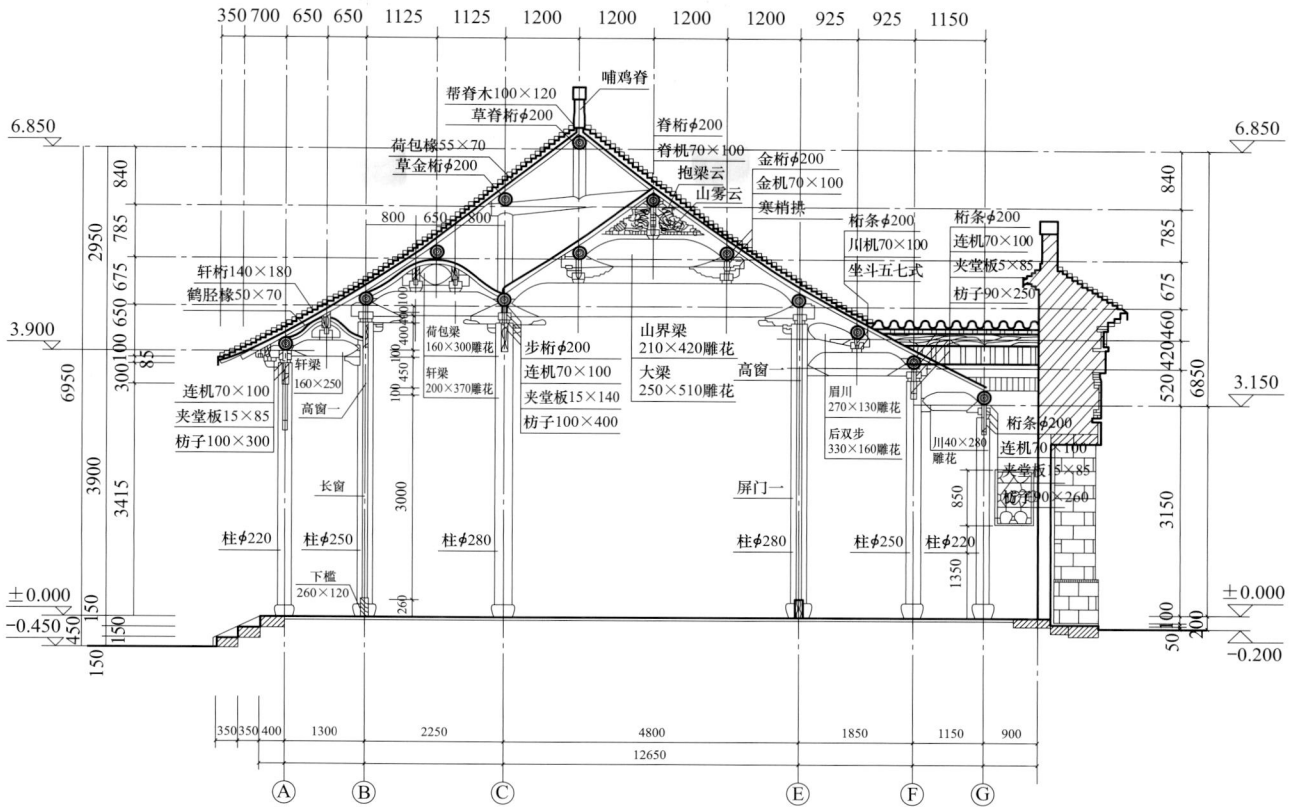

（b）扁作前轩式大厅屋架图

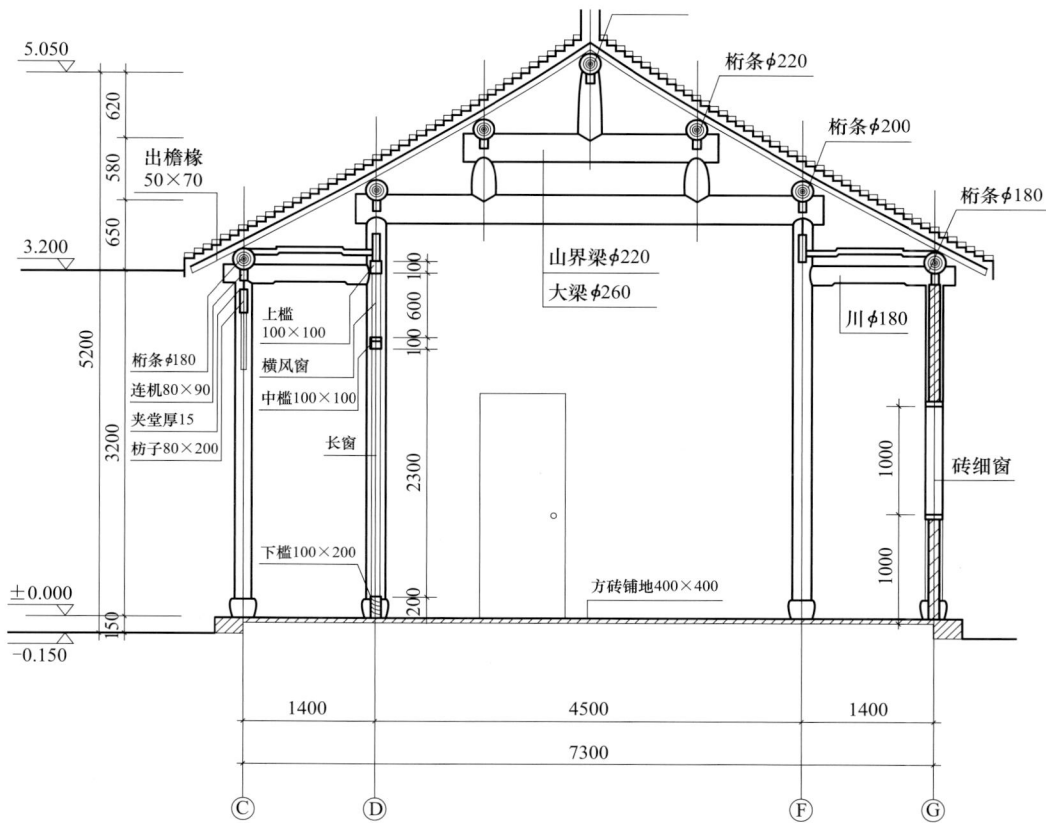

（c）圆作屋架正贴

图3-2 贴式屋架（单位：mm）（二）

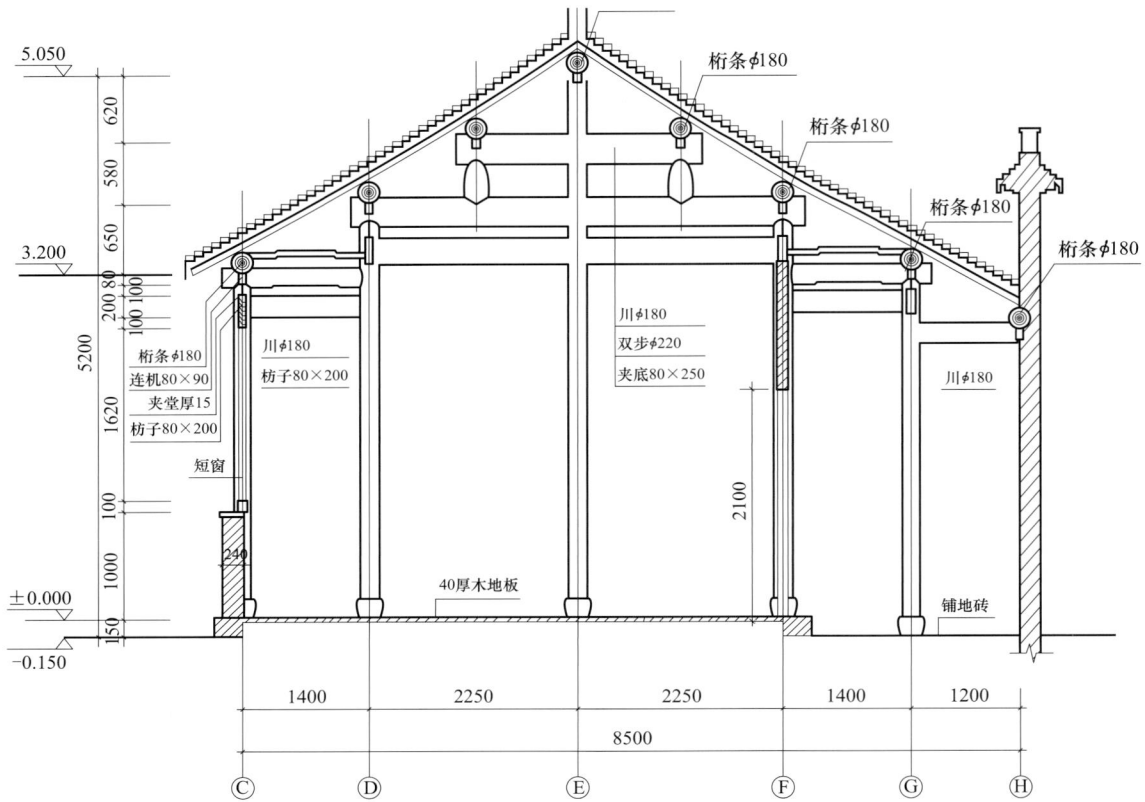

桁条φ180
桁条φ180
桁条φ180
桁条φ180
桁条φ180
川φ180
双步φ220
夹底80×250
川φ180
川φ180
连机80×90
夹堂厚15
枋子80×200
枋子80×200
短窗
40厚木地板
铺地砖

5.050
620
580
650
3.200
200 80
100 100
5200
1620
100
1000
±0.000
150
-0.150

240
2100

1400　2250　2250　1400　1200
8500
ⓒ　ⓓ　ⓔ　ⓕ　ⓖ　ⓗ

（d）圆作屋架边贴

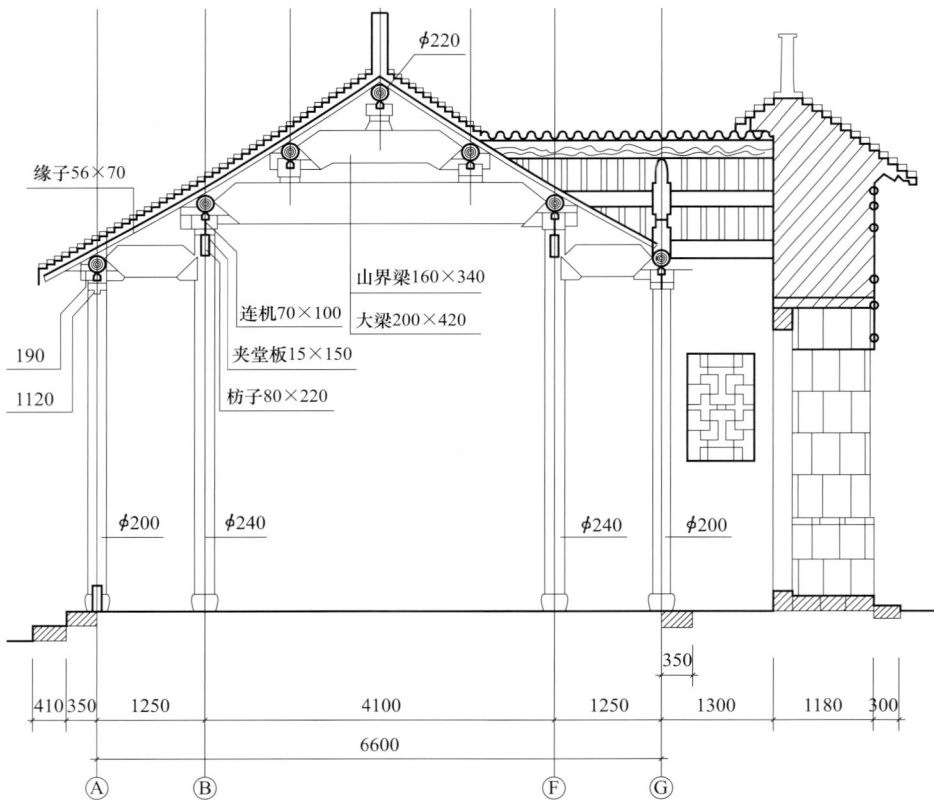

φ220
椽子56×70
山界梁160×340
连机70×100
大梁200×420
夹堂板15×150
枋子80×220

190
1120

φ200　φ240　φ240　φ200
350

410 350　1250　4100　1250　1300　1180　300
6600
Ⓐ　Ⓑ　Ⓕ　Ⓖ

（e）扁作正贴屋架

图3-2 贴式屋架（单位：mm）（三）

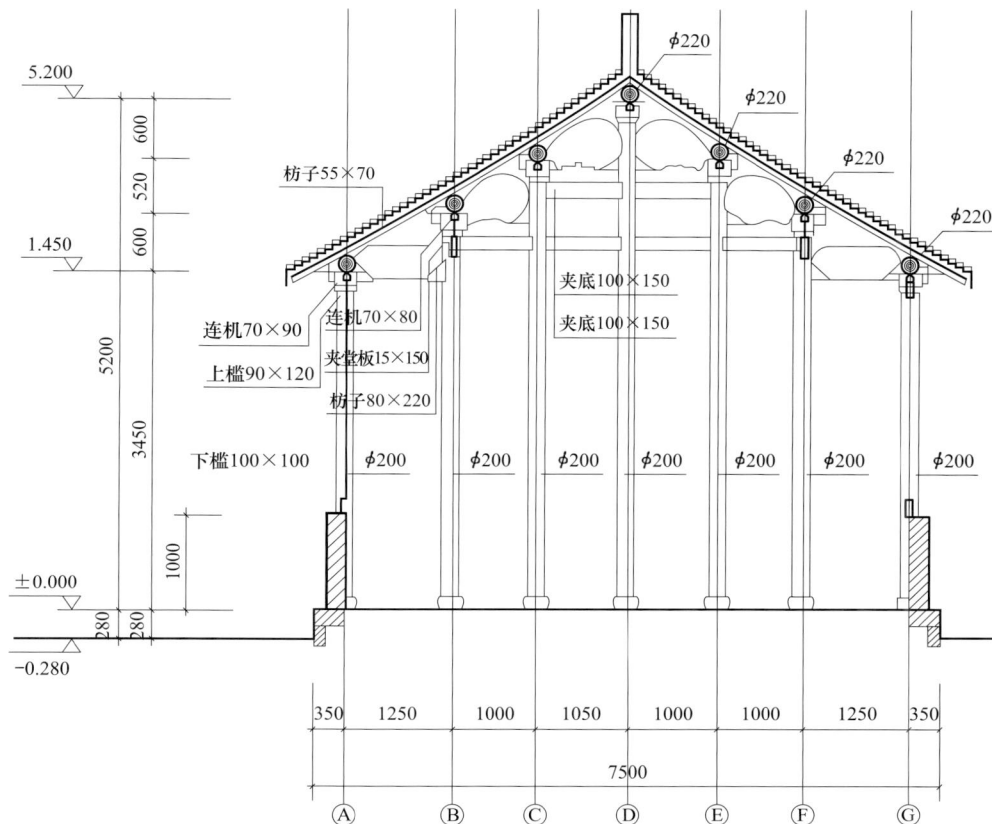

（f）扁作边贴屋架

图3-2 贴式屋架（单位：mm）（四）

3. 界及界深

界是同一贴屋架，最近两柱之间的水平距离。其中的柱头是指落地柱与不落地柱（童柱）。界深则是界的具体尺寸，例如界深4尺，则表示两柱间的水平距离为4尺。一贴屋架各界深的总和则为该建筑的总进深。

4. 开间与总开间

开间是指建筑贴式屋架之间的中心线的相距尺寸。一建筑物所有开间尺寸的总和为该建筑物的总开间，称统开间。开间与总开间的尺寸是以柱的中心线为基准的，且柱的中心线与墙体中心线是不统一的，这是古建筑与现代建筑的一大区别（图3-2a）。

5. 屋架的提栈

所谓提栈是指界梁长度与前、后两柱高度差值之比，也称举折。北方地区称之为举架。提栈的习惯表示方式常以"算"简称之，例如提栈的进深：高差为1：0.45，则称之为四算半；1：0.5 则称之为五算，如此等等。

6. 侧脚

侧脚是有意识地将木柱做得向内倾斜，而不垂直于地面，其作用是增强木构架的稳定性，提高抗自然风、雨的水平推力，对提高抗震能力也有一定的作用。这种侧脚形式大都表现在建筑四周的廊柱上，但也有所有柱脚都带侧脚的情况。

从古建筑时代特征方面而论，侧脚这一传统做法，至少可以推溯到唐朝，清代以来，这一传统做法形式已经逐渐消失。

7. 升起

升起是指屋架等某一局部柱头，反常规高度而有意识地增高，例如硬山做法的边贴脊柱，有意识地增加高度，使得屋脊两端微带翘起，以增强建筑的视觉效果。

三、界的区分

1. "一界屋"的概念

一界屋是指木结构中长度为一开间，进深为相邻二柱（含矮柱）中心距离的单元名称。"一界屋"即也视为是一个面积单元。由于一幢建筑是由若干个界组成的，每个界所在位置不同，且同一建筑不可能有两个相同的界存在，因此每个界都有其明确的名称。界的名称是随着更大的单位"间"而延伸而来，且按柱的名称从前到后依次排列。

2. 柱的排列名称

柱头从前至后排列，其位置名称分别为廊、步、金、脊、后金、后步、后廊，若建筑规模大，上述位置名称不够，则可以从开始用上、中、下等词加在原有方位词后，由此则形成了数量更多的柱头方位词，例如廊柱、上廊柱、下步柱等。如果再加贴式屋架之方位词和前后方位词，则称为正右前廊柱、正左前廊柱、正右下步柱等。

3. 界的定位及名称

有了柱头名称及间的名称，建筑的界定位便有了依据，从而每一界就有了一个唯一的名称，例如正间前廊界、左边间后步界等。

四、几种常见的构造形式

1. 硬山结构

一种常见的结构形式，左右两山墙到顶、墙顶部成一山状，广泛应用于民居建筑、古建筑群中规模为中、下等的建筑及庭院中要求不高的建筑。硬山建筑正贴采用抬梁式结构，两边贴一般采用脊柱落地前后双步的构架形式，也有采用五柱落地，即穿斗式结构，以增加柱头数量，增强建筑的稳定性，达到耐久性的效果（图3-3）。

（a）硬山（右）与歇山（左）对比

图3-3　硬山结构（单位：mm）（一）

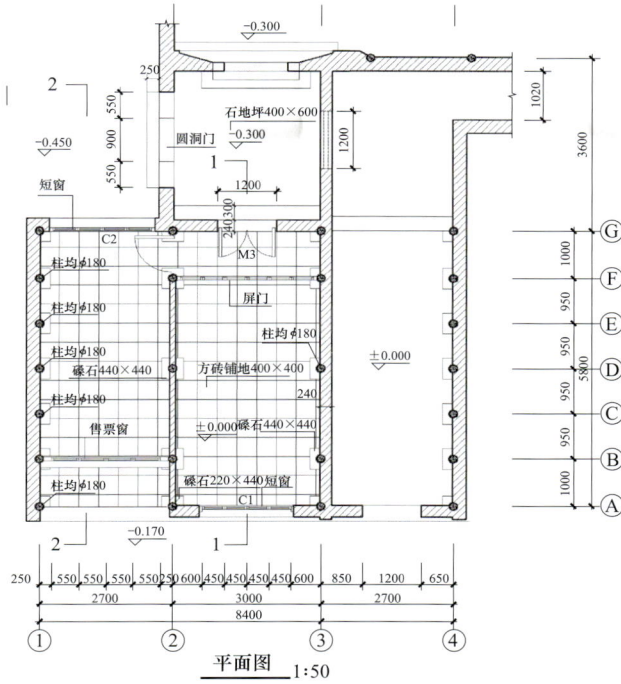

（b）硬山建筑平面图

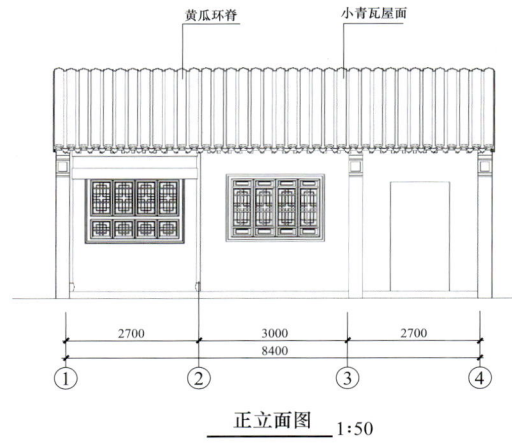

（c）硬山建筑立面图

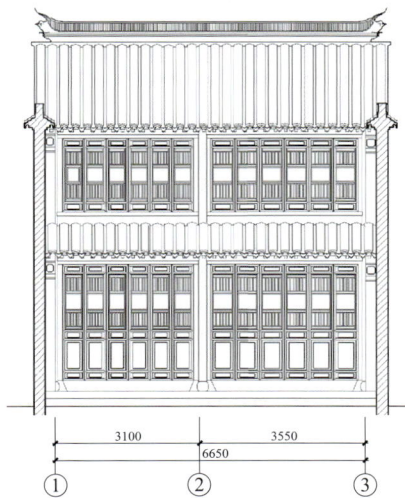

（d）硬山楼房正立面图

（e）硬山门厅建筑

（f）硬山楼房，硬山小型建筑

图3-3 硬山结构（单位：mm）（二）

2. 歇山结构

歇山顶结构建筑也就是民间所谓的"纱帽厅"建筑，建筑两边间称之为"落翼"，落翼的廊柱顶高度与前后廊柱平齐，左右两侧山墙"无山尖"，四周檐口平齐，四角设置戗角。在落翼椽末梢部位，设置枕头木，用以砌筑山脊墙体。歇山顶构造形式，四周廊界通常都能环建筑绕行，且建筑除前、后、二正立面有观赏价值外，两侧山面立面也有观赏艺术效果，因此这种建筑形式亦称作四面厅。歇山建筑的规模可视建筑用途而定；有一间二落翼，三间二落翼……甚至九间两落翼。檐头数量也可单檐、重檐、三重檐等（图3-4）。

图3-4 歇山建筑

3. 攒尖顶构造

攒尖顶构造在苏南地区常用于小型建筑，通常以四角平面、六角平面、八角平面等使用该做法，也有用于三间面阔之建筑屋顶的。一般攒尖顶构造形成的建筑四周都为镂空，仅以局部半墙区分室内外，而缺少墙体辅助构架的稳定性，因此在砌筑半墙时，应考虑半墙应具备的足够的强度（图3-5）。

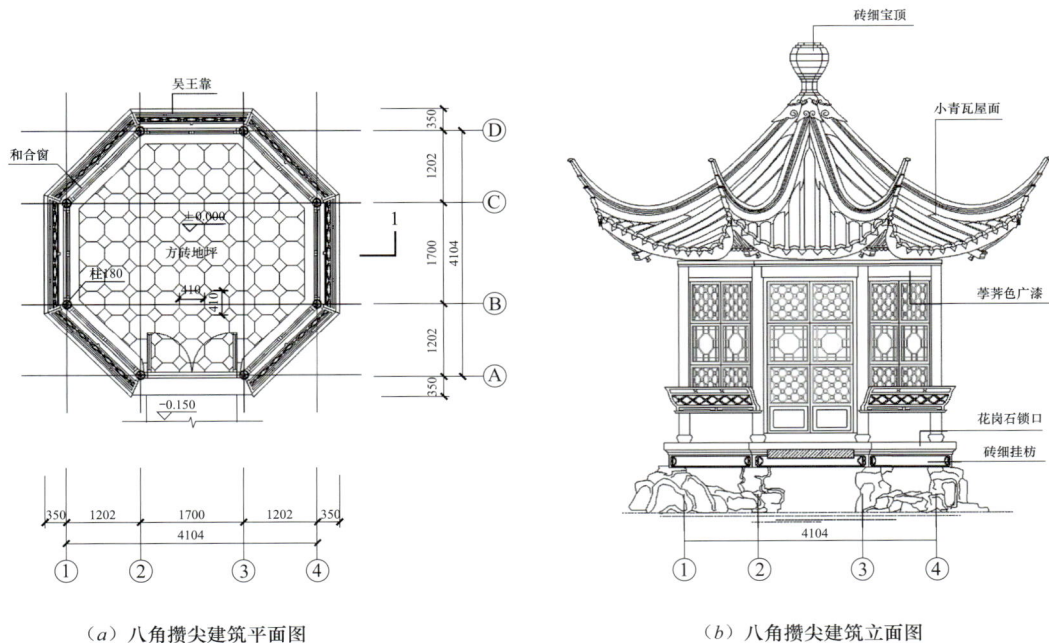

（a）八角攒尖建筑平面图

（b）八角攒尖建筑立面图

图3-5 攒尖顶构造（单位：mm）（一）

（c）六角攒尖建筑立面图　　　　（d）剖面图　　　　（e）挂落图

（f）六角攒尖建筑平面图　　　　（g）屋架仰视图　　　　（h）半墙

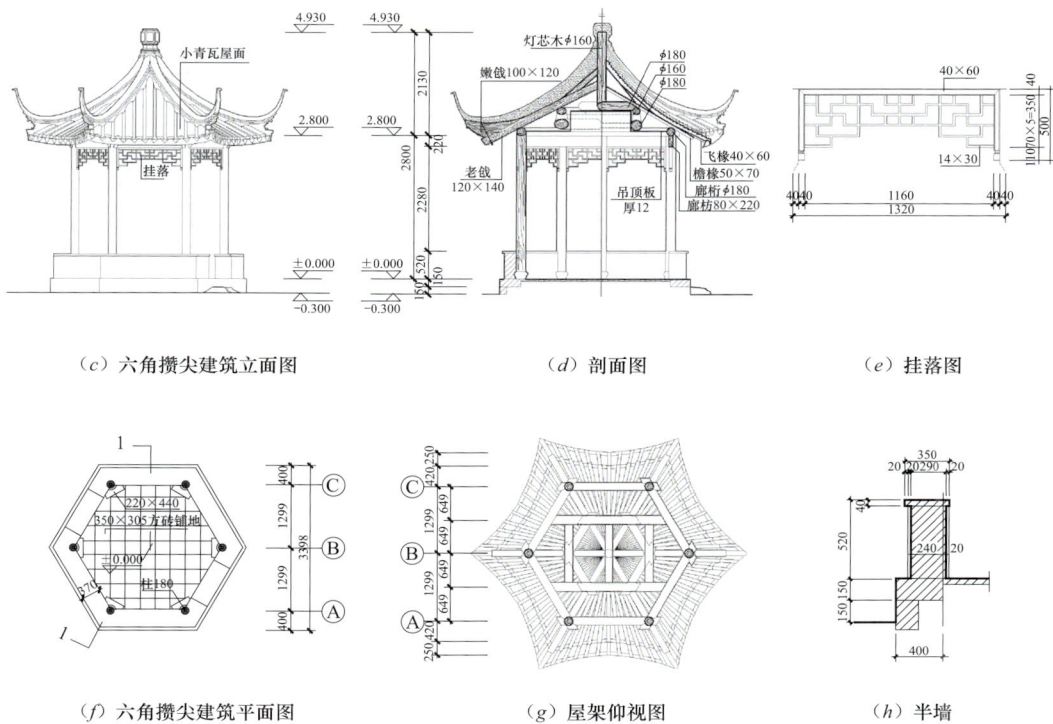

（i）攒尖顶构造建筑

图3-5　攒尖顶构造（单位：mm）（二）

4. 悬山构造

悬山是在硬山的前提下，两边桁条放长一定的尺度，使两边间桁条悬挑二山墙之山脊以外，悬挑桁条之端安装博风板，以保护桁条的外露部位。悬山构造形式由于二山尖部位有部分屋面挑出，为山墙挡风遮雨，对保护山墙墙体、墙体防潮有一定的作用，但由于木桁条悬于外，易遭风雨侵蚀、腐烂，对于雨水较多、湿度较高的苏南地区而言，不太适宜。悬山的构造形式在北方地区使用较为广泛，南方地区仅在山区民居中使用这类做法（图3-6）。

图3-6　悬山构造

5. 庑殿式构造

庑殿式构造在苏南地区亦称为大合舍，在封建社会，该类构造形式为最高建制等级的建筑，仅限皇家及孔庙有资格使用。与歇山式相比较，庑殿式落翼无山脊墙。建筑屋顶四角各做一戗角，山面的推山法使得四角戗脊的平面呈一弧形。建筑屋顶由五条脊组成，故亦称为"五脊殿"（图3-7）。

（a）庑殿式建筑正立面图

（b）庑殿式建筑侧立面图

图3-7　庑殿式构造

五、几种常见的建筑

1. 大殿类建筑

大殿类建筑是指建筑群中规模、体量最大，位置最重要的建筑，该类建筑一般都设有斗栱，构造形式大都为歇山式。适合使用这类建筑的为宗教性质的建筑群，皇家建筑群（图3-8）。

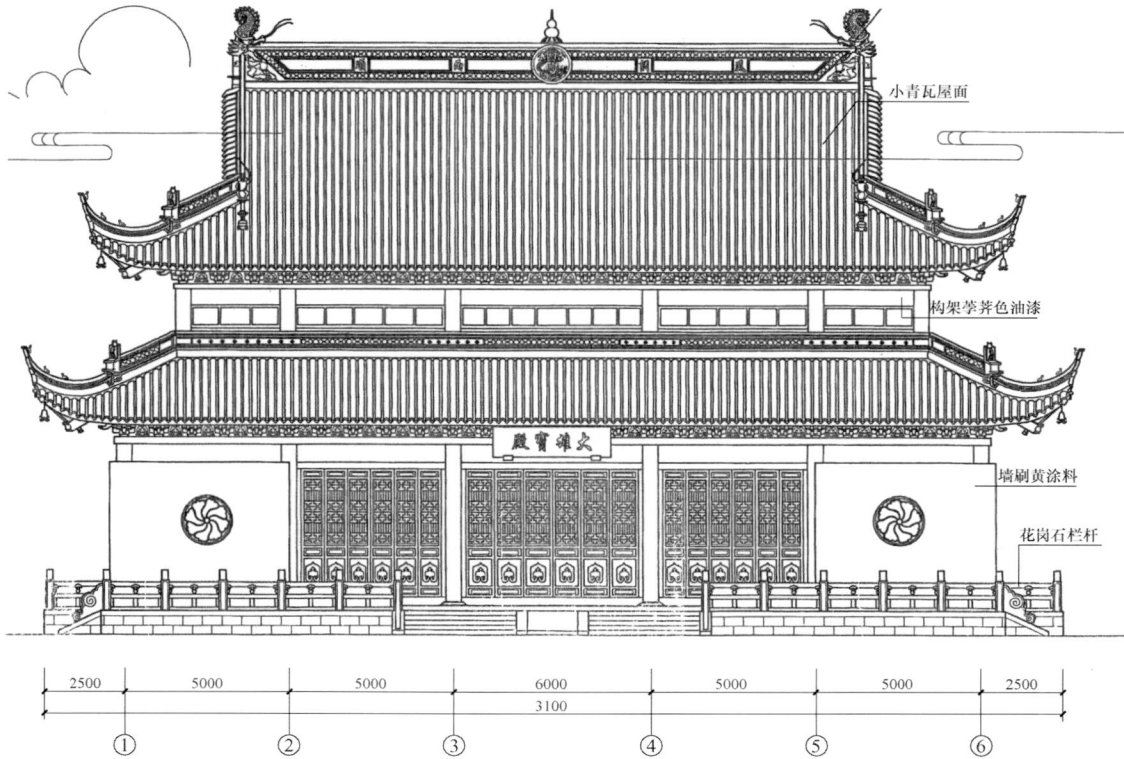

小青瓦屋面

构架莘芥色油漆

墙刷黄涂料

花岗石栏杆

| 2500 | 5000 | 5000 | 6000 | 5000 | 5000 | 2500 |

3100

① ② ③ ④ ⑤ ⑥

（a）大殿正立面图

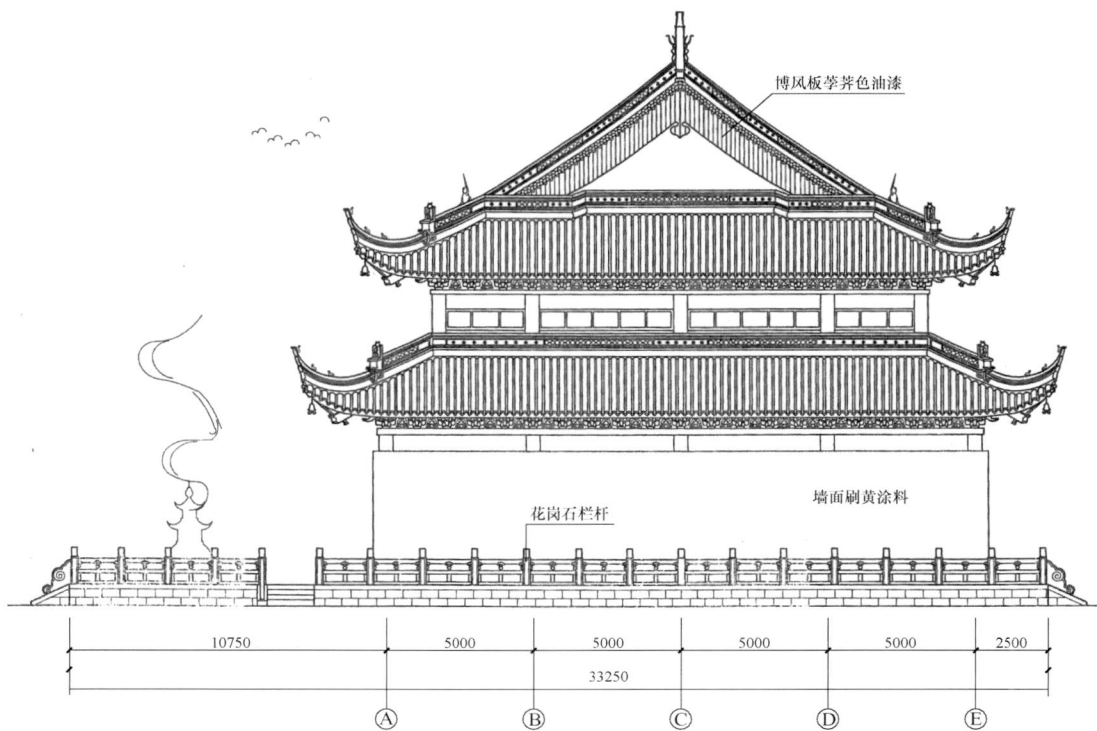

博凤板莘芥色油漆

花岗石栏杆

墙面刷黄涂料

| 10750 | 5000 | 5000 | 5000 | 5000 | 2500 |

33250

Ⓐ Ⓑ Ⓒ Ⓓ Ⓔ

（b）大殿侧立面图

图3-8 大殿建筑（单位：mm）（一）

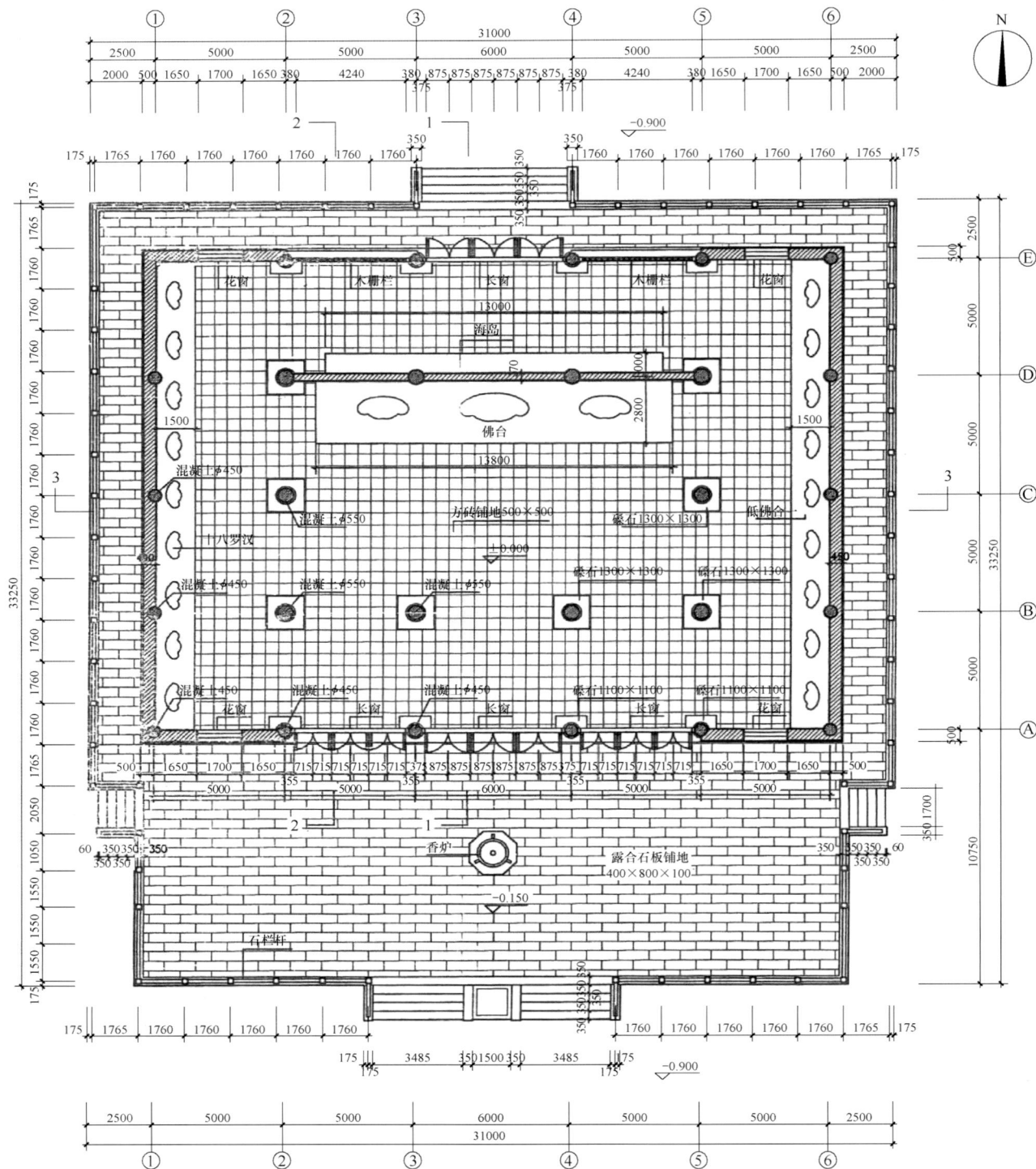

（c）大殿平面图

图3-8 大殿建筑（单位：mm）（二）

2. 厅堂类建筑

厅堂类建筑按其梁类构件做法的不同，可以分为"厅"和"堂"两种，前者的梁的断面为矩形，后者的梁的断面呈圆形，是民居、古典园林、某一建筑区域的主要建筑，厅堂类建筑以歇山或硬山式建造（图3-9）。

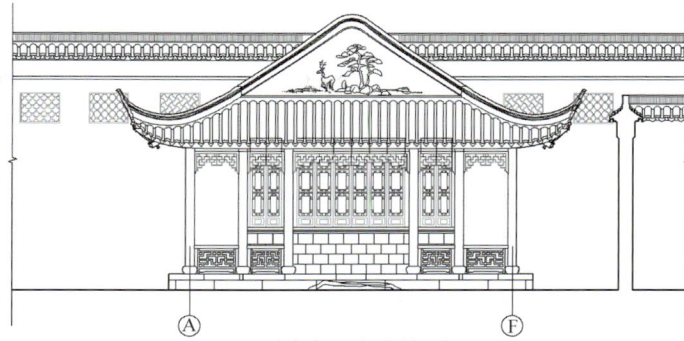

（a）歇山式四面厅侧立面图

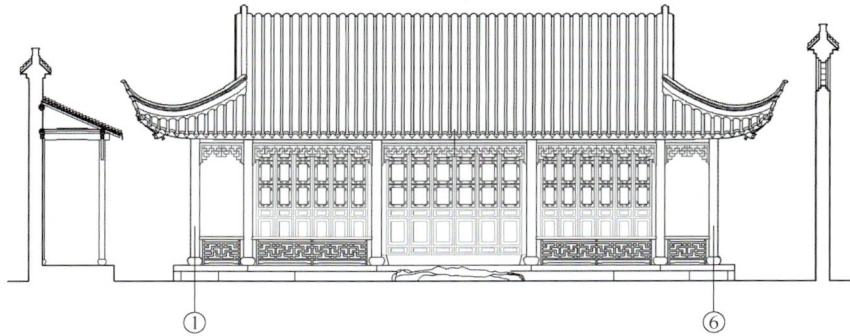

（b）歇山式四面厅正立面图

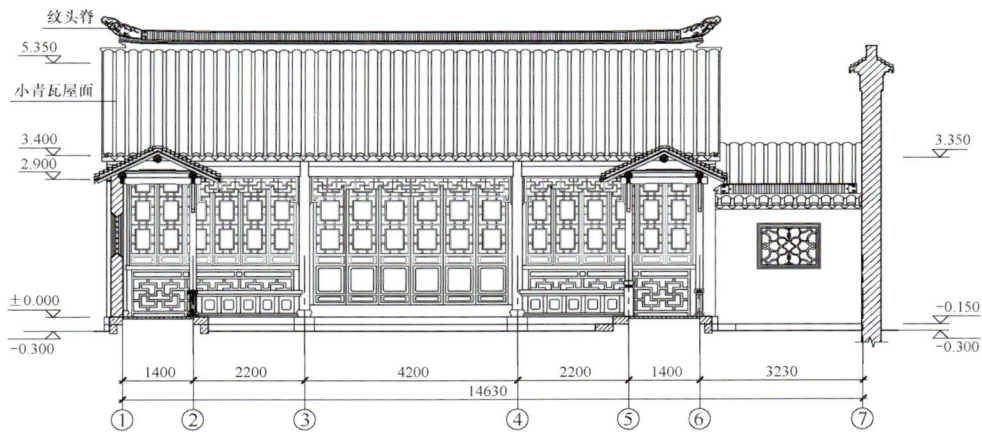

（c）硬山式厅堂正立面图

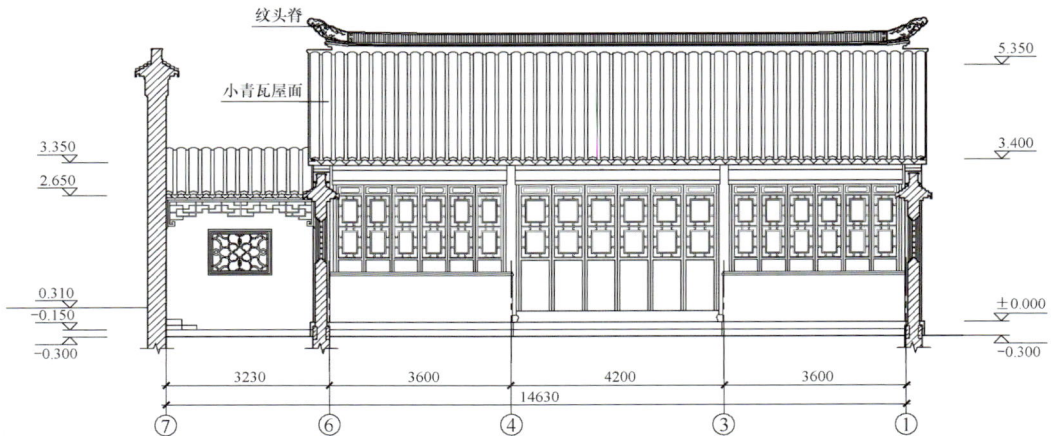

（d）硬山式厅堂背立面图

图3-9　厅堂类建筑（单位：mm）（一）

（e）歇山式四面厅建筑

图3-9　厅堂类建筑（单位：mm）（二）

3. 舫类建筑

一般为临水的中小型建筑，在景观效果上起点缀作用，构造形式常以歇山、硬山为主（图3-10）。

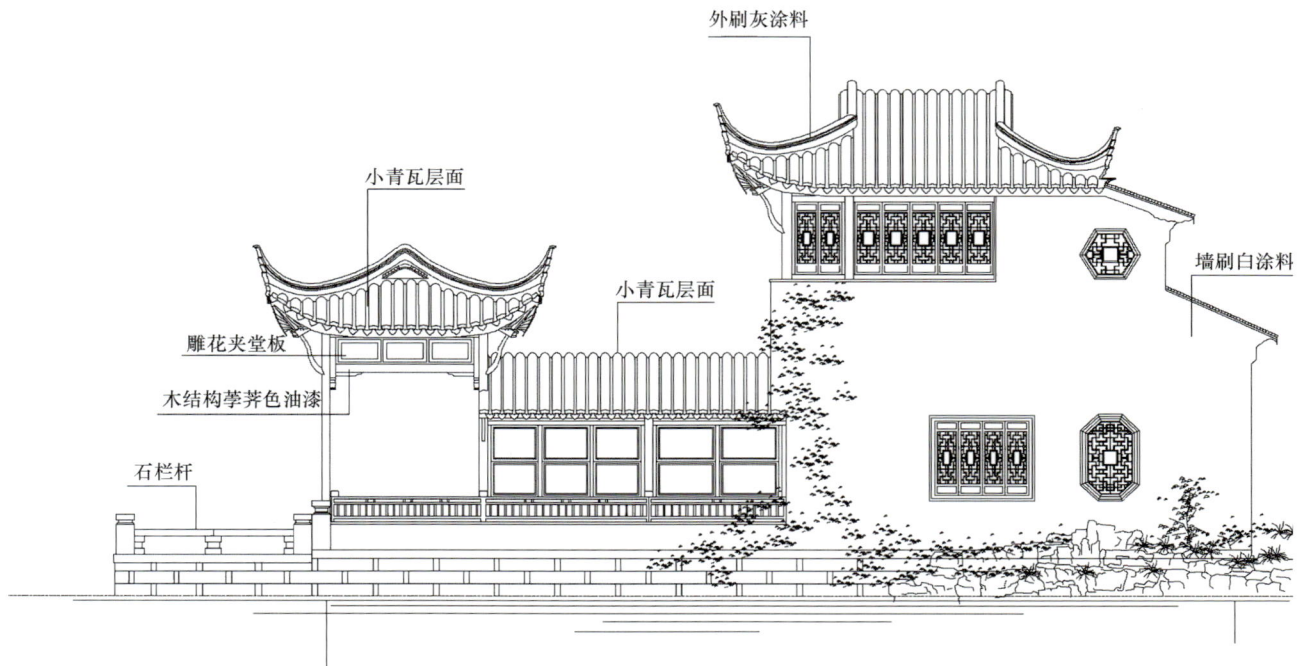

外刷灰涂料

小青瓦层面

小青瓦层面

墙刷白涂料

雕花夹堂板

木结构莽芽色油漆

石栏杆

（a）船舫侧立面图

图3-10　舫类建筑（单位：mm）（一）

刷灰涂料

木结构莘芥色油漆

（b）船舫正立面图

嫩戗130×110
老戗140×120

摔网椽7根

250 500 950 900 950 500 250
2800
① ②

嫩戗140×120
老戗160×140

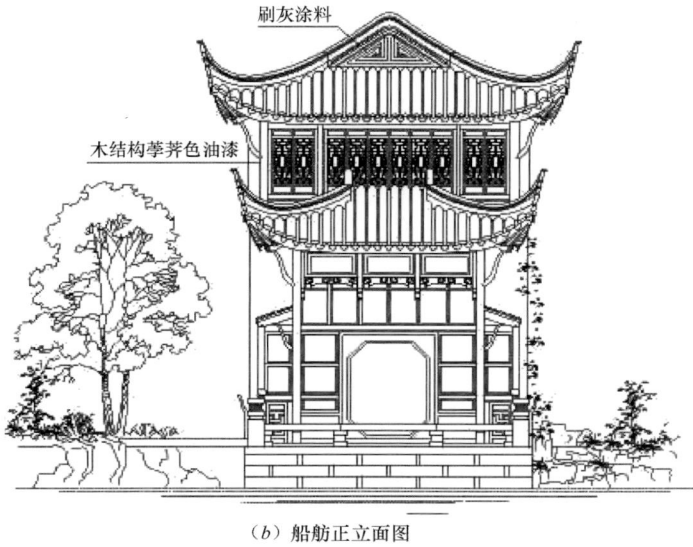

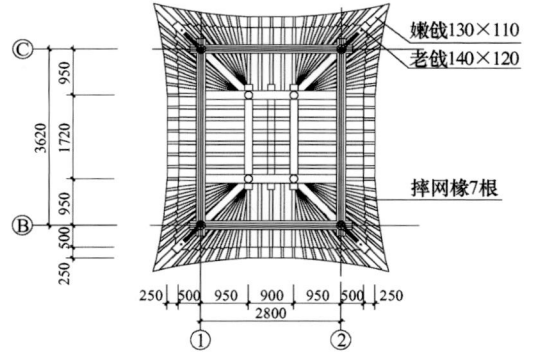

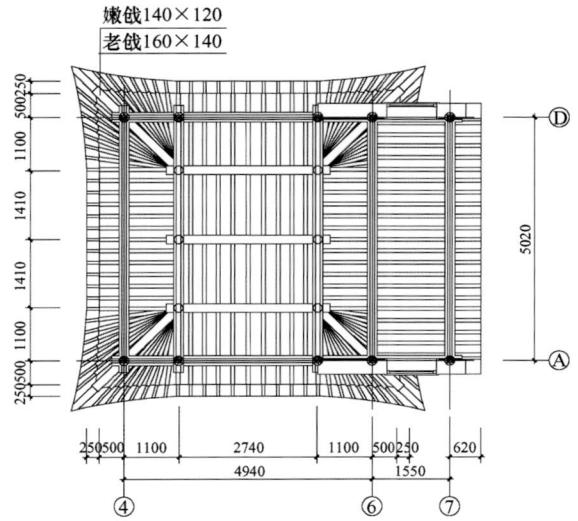

（c）船舫屋架仰视图

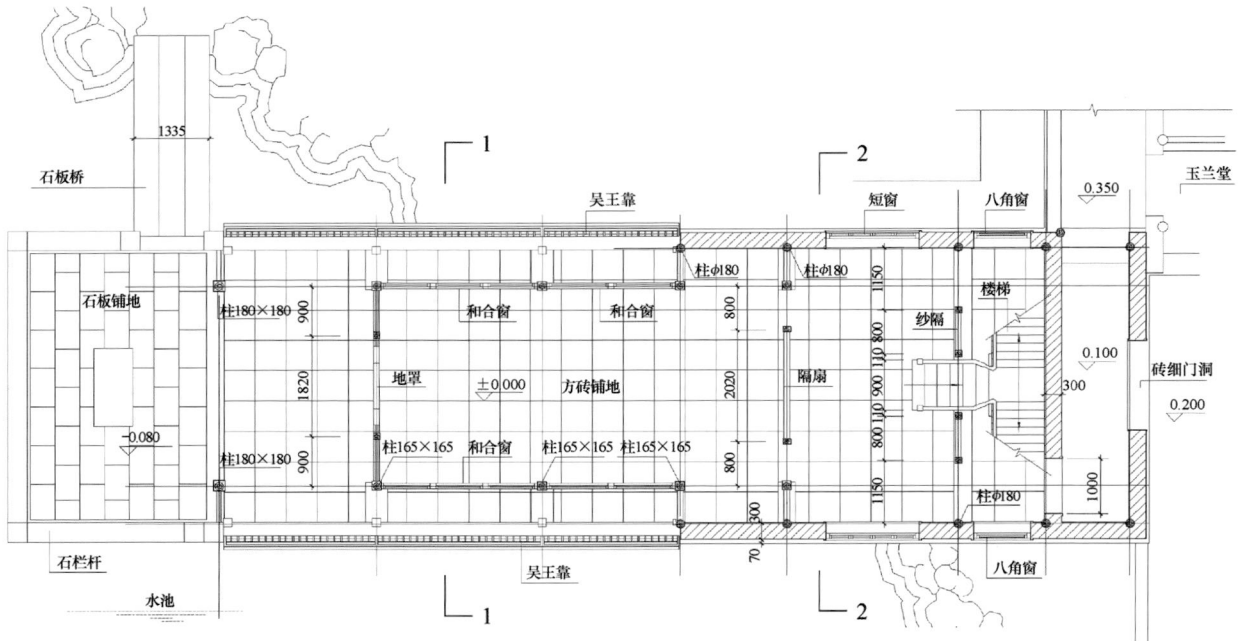

250500 1100 2740 1100 500250 620
4940 1550
④ ⑥ ⑦

石板桥

石板铺地

石栏杆

水池

吴王靠

柱180×180

地罩 ±0.000 方砖铺地

和合窗 和合窗

柱165×165 和合窗 柱165×165 柱165×165

柱180×180

-0.080

吴王靠

短窗 八角窗

柱φ180 柱φ180

纱隔

隔扇

楼梯

八角窗

玉兰堂

0.350

0.100

砖细门洞

0.200

0.300

（d）船舫平面图

图3-10 舫类建筑（单位：mm）（二）

（e）舫类建筑

图3-10　舫类建筑（单位：mm）（三）

4. 阁类建筑

一般为近水或高处、双层的建筑，其体量通常较大，是临眺景致的场所，适用于周围景观效果好，且有远景的条件（图 3-11）。

图3-11　阁类建筑

5. 楼

位于建筑群中较为偏僻的位置，且以二层居多，使用功能上以居住为主（图3-12）。

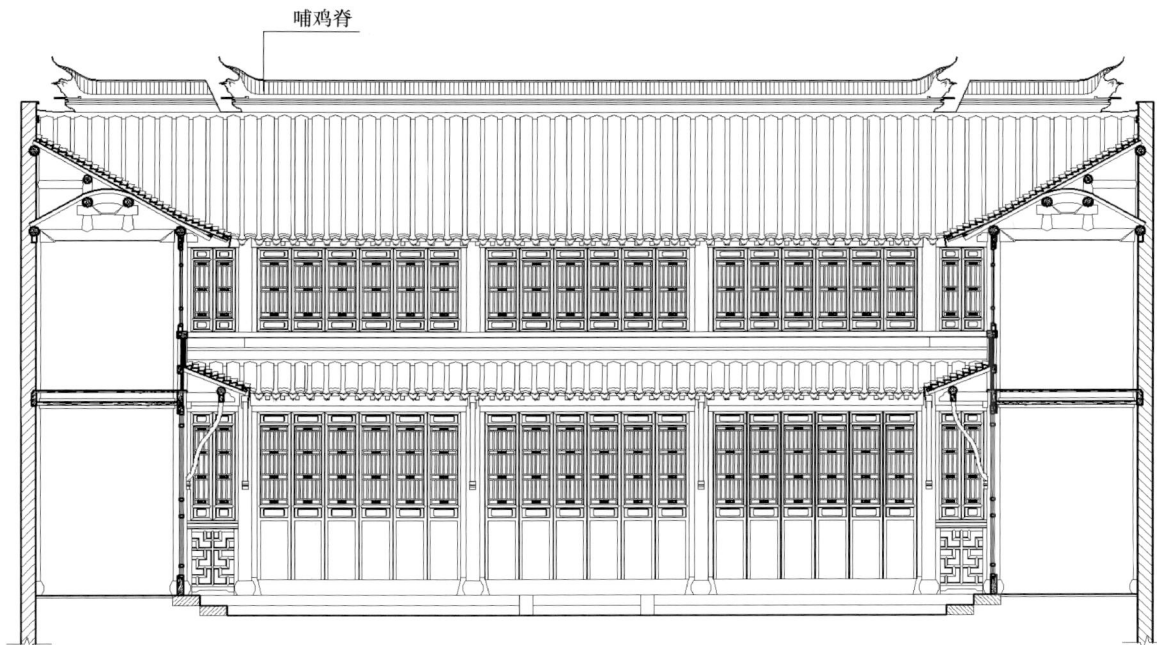

图3-12 楼房正立面图

6. 亭

供旅游者小憩之用的建筑，且有观赏的功能（图3-13）。

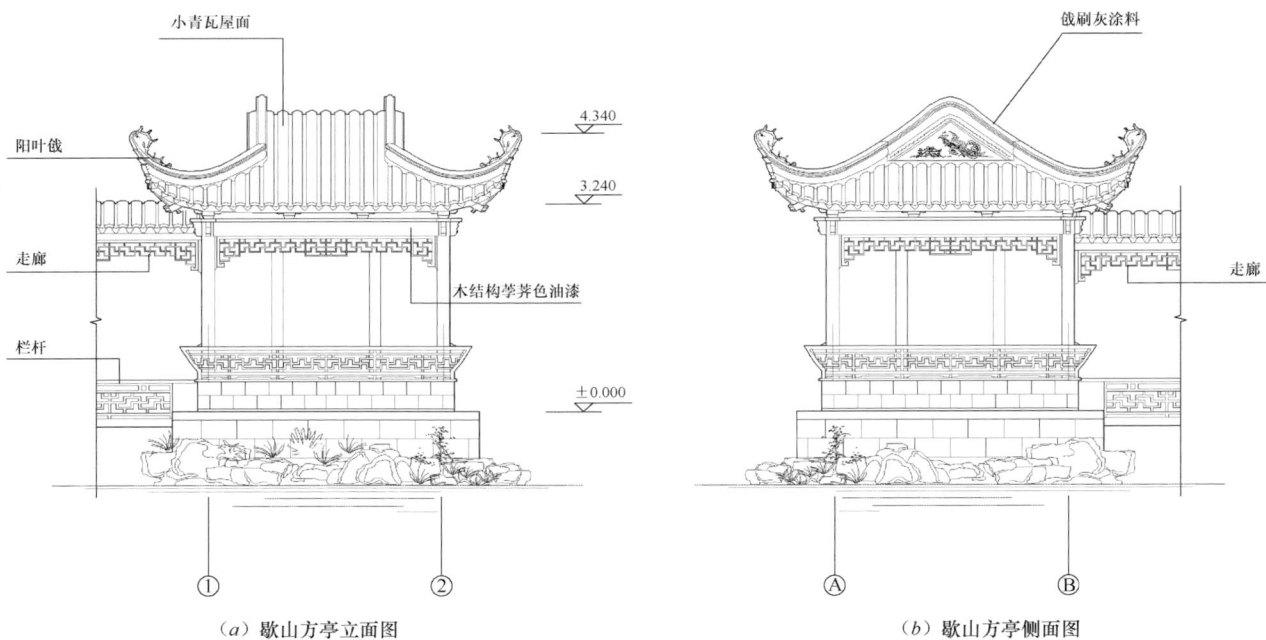

（a）歇山方亭立面图

（b）歇山方亭侧面图

图3-13 歇山方亭（一）

（c）湖心亭

图3-13 歇山方亭（二）

7. 廊

两座建筑物间起连接作用的狭长建筑，其最初功能是为人员往来走动于两建筑物之间提供挡雨蔽日的通道（图 3-14）。

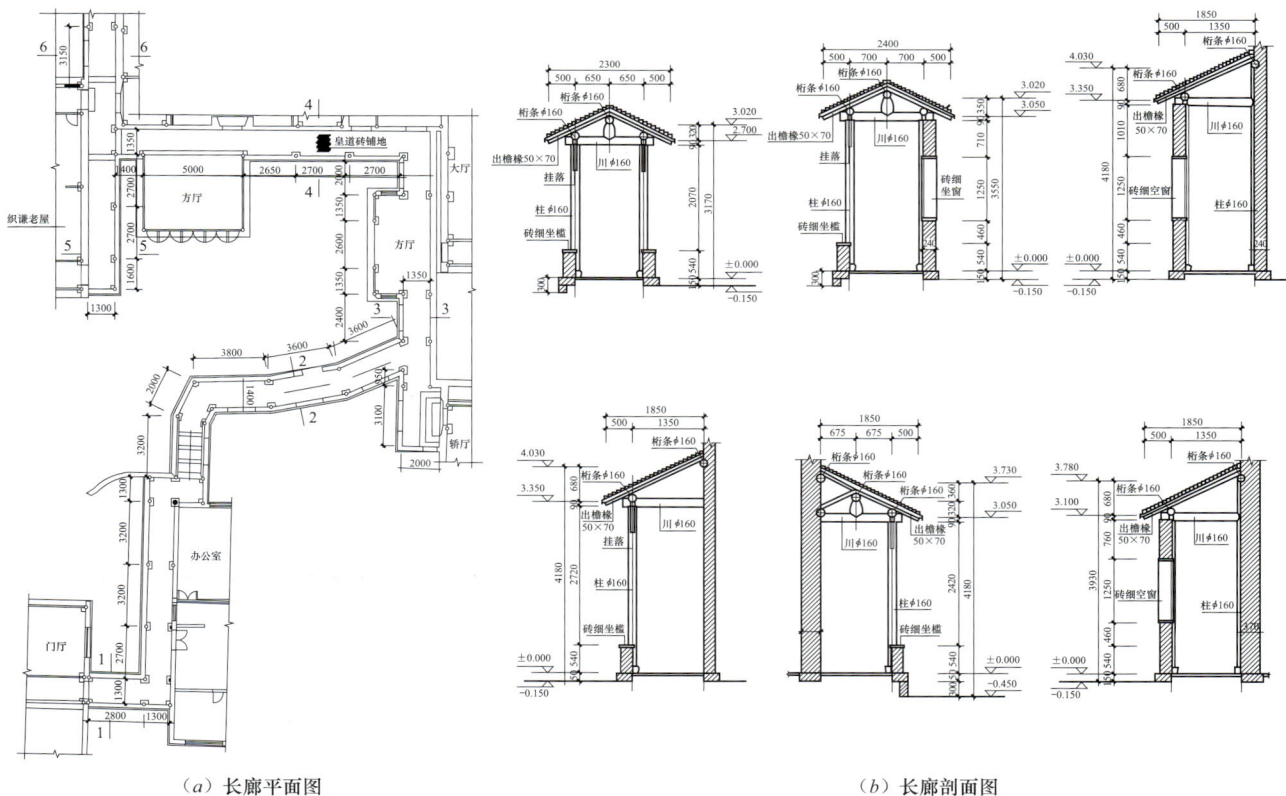

（a）长廊平面图

（b）长廊剖面图

图3-14 廊（单位：mm）（一）

（c）回顶三界廊

图3-14 廊（单位：mm）（二）

六、常用的几种构件、所在位置及功能

（一）柱类构件

1.落地柱

（1）廊柱

落地柱亦称柱脚、柱头，简称柱。落地柱上支承梁类构件及桁类构件，中间由枋类构件连接，使之成为一个整体，并能承受屋顶的负载。由于柱所在位置的不同，其名称及长度、构造形式都有变化，以一般的正贴屋架为例，前檐的第一根柱称为廊柱，在落地柱中，廊柱是最短的一种。一般小式做法，廊柱顶端就直接支承廊桁，桁条底或廊柱顶高，即是衡量本建筑高度的尺寸。

廊柱顶端头与廊桁搁置部位做成桁碗，以保障桁条的稳定性。在廊柱顶部左右两侧各开一机口，搁置连机。距机口往下约14cm，开柱眼为连结廊枋之用。连机口与柱眼间开槽，装夹堂板用。

当廊柱头高度较低，为了提高空间高度，可以在连机位置做拍口枋，并取消夹堂板、廊枋和连机。

当建筑为大式做法时，廊柱顶左右两侧开燕尾榫设置廊枋，廊枋面与柱顶面平齐。在柱顶面安置斗盘枋，以设置牌科（也称之为斗栱）。

（2）步柱

步柱为廊柱往内一至二界位置的柱头，通常步柱顶端搁置四界大梁，柱端左右两侧设置步枋，进深方向，廊柱一侧设置川及双步梁，以连结廊柱，支承廊桁。

（3）金柱

通常在正贴屋架中不设置落地金柱，只有当内四界不设大梁而采用攒金梁时才有正贴用金柱的现象出现。

当硬山做法边贴屋架用五柱落地构造形式时，设有前、后金柱。

金柱的顶面搁置金桁，若用攒金梁做法时，顶端搁置山界梁，山界梁往下一界提栈尺寸设攒金。攒金的相反方向设置金川，以连接步柱。金柱用于边贴时，顶部设川连接脊柱，相反方向设川连结步柱。

（4）脊柱

脊柱是柱类构件中最长的柱。脊柱位于建筑屋脊的位置。通常落地的脊柱适用于三种使用位置：一是硬山建筑的边贴，边贴木构架由于脊柱的使用，能增强山脊的稳定性，以及增强正贴屋架脊童的稳定性，且提高建筑整体结构的抗风能力；二是运用于正中部位不设置开间墙体的建筑，例如建筑群中的入口，即门厅，由于门厅的正中位置设置将军门，因落地脊柱的存在，便于将军门的安装及为将军门增加了牢固度；三是落地脊柱运用于一幢需区分左、右两处使用功能要求，而要以墙体形式严格分隔的建筑，例如起居、住房之用房。

脊柱与其他柱类构件连结形式，常在同一高度设前、后对称两根梁类构件为一列，且一般为上下两列，上一列为前后川，下一列为前后双步梁。背柱的顶面搁置脊桁，通常顶端开间方向开口设置水浪机，以增大桁条端之搁置面。也有在金柱顶部开间方向设置枋类构件，为增强与脊柱之间连结的做法。

（5）立柱

通常，立柱是一种不属于木构架的体系，另有在特殊部位或为使用功能的需要而增设的柱头，也有为补强原有木结构中某一些柱、梁类构件而增设的柱头。一般立柱的前后左右都无梁类、枋类构件与之连结，仅是"顶天立地"的支承在梁底，立足于地面。立柱的功能是保存建筑原构件能够继续存在于原构架体系中，避免了原有存构件因损伤或疲劳的原因而只能以新构件替换，立柱形式对文物古建筑修复工程中保持原构件有着积极的作用。

2. 童柱

童柱也称矮柱，是立于梁类构件之背面，支承在桁类构件之底面的不落地的柱类构件。童柱在长度上较落地柱短很多，一般长度在 50～100cm 以内。童柱的名称随其所处位置而称之，例如脊童、金童等。由于木构架制作形式上的差异性，童柱的形式也变化较大，常见的代表性的做法有鲫鱼嘴、雷公嘴等。

（二）梁类构件

梁类构件是指横向设置，支承于柱类构件，且不直接承受椽类构件荷载的木构件。梁类构件的长度最短仅为一界，长的有四界，甚至六界。

1. 川

川的长度仅为一界，虽属梁类构件，但其作用仅为连接两柱，是使构件体系完善的构件，对构架的整体起着联系的作用，川的名称从属于所在位置，例如金川、廊川等。

2. 大梁

苏州香山方言称大梁为柁梁，一般指长度在四界以上的梁。苏南地区的四界大梁，北方则称为五架梁。一般一贴屋架用一根大梁，设置在内四界范围内，大梁的名称随所在贴式屋架而定，例如，正左大梁、正右大梁等。

3. 攒金梁

在长度为三界、不设大梁的情况下，在建筑的中间位置设置的梁类构件，一贴屋架用一根攒金梁。若长度为三界深，但其位置不在建筑进深中间屋脊的位置则不属于攒金梁，而为三界梁或称作三步梁。与大梁的做法相比较，攒金梁做法的室内空间小，其进深仅为三界，且多了一根后金柱，但就构架稳定性而言，则比大梁的做法好。因此，大梁做法与攒金做法二者各有优点。

4. 双步梁

双步梁是长度为二界，即连跨二步之间的梁，在大木构架中广泛使用。在梁长度 1/2 的位置设置童柱，用于架设桁条，梁的一端与建筑内侧之柱相交，外侧一端与柱之顶端相交。在其背面一界高度有川梁，与之平行，而川梁的长度则为其长的 1/2。双步梁的名称随所在位置而定。

5. 山界梁

一种位于山脊部位，长度为二界的梁。若山界梁应用与大梁，则梁的两端与童柱连接。山界梁正中设脊童柱。

（三）枋类构件

1. 廊枋

一种用于廊柱顶部的矩形断面构件，是连接两廊柱之间的联系构件，也是传布廊界荷载的承重构件。当木构架为小式做法时，屋面荷载通过侧柱传布至廊枋；当木构架为大式做法时，屋面荷载通过斗栱传布至廊枋。

2. 步枋

步枋是位于步柱位置的枋类构件，在两步柱之间，因有步枋而使步柱连成一整体。步枋同时通过侧柱承载部分屋顶荷载。

3. 随梁枋

在大式做法的建筑构架中，大梁、双步梁等梁构件底面设置枋子，随梁而置。枋面做斗栱（一般为一字形），斗栱面与梁底面相连接，使梁与斗栱枋既能连成一体，又能共同作用。

4. 夹底

夹底是位于边贴构架，用于梁类构件底面之枋类构件。夹底的使用不受大、小式木构架做法的限制，即边贴屋架通常都设有夹底，以增强边贴屋架之整体性。

5. 水平枋

水平枋是与廊界平齐，设置在边贴屋架之枋类构件。水平枋的设置，使得围绕建筑一周的枋类构件形成一道木质之箍，加强构架的整体性。

（四）桁类构件

1. 脊桁

位于建筑最高处（脊柱顶）的桁条。桁面搁置椽子，以承屋面荷载，传布荷载至柱、梁类构件。

2. 金桁

脊桁下一界之桁，位于金柱之顶面，功能略同脊桁。与脊桁不同的是脊桁为搁置前、后头停椽，而金桁搁置头停、花架椽。

3. 步桁

金桁之下一界之桁，搁置花架、出檐椽。位于步柱之顶面。

4. 廊桁

廊柱之顶面的桁条，廊桁面支承出檐椽。若构架为大式做法，则桁底面有斗栱设置（图 3-15）。

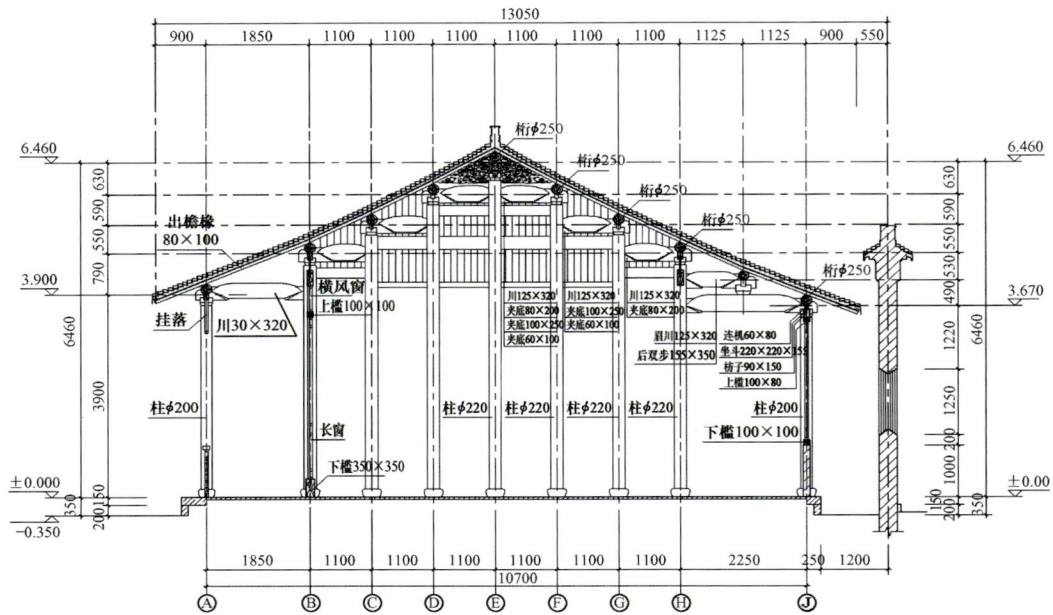

（a）大木构架图

（b）柱梁节点

图3-15　廊桁（单位：mm）

（五）椽类构件、板类构件及其他小构件

1. 椽类构件

椽类构件因其所处位置的不同，可以分为头停、花架、出檐三类，其中的头停椽即最高处之椽子，其一端搭交于金桁，另一端搭交于脊桁。位于出檐部位的即出檐椽。在出檐椽与头停椽之间的为花架椽。

2. 常用的板类构件（用于木构架的板类构件）

（1）填板

一种用于二根横向木构件，同一投影面，且高低相差距离在25cm以上，用木板竖向排列，填在其空隙的木板，根据使用位置命名，例如山填板等。

（2）眉板

边贴的底与梁类构件之间空隙处的所填充的木板，木纹横向。

（3）夹堂板

枋与连机之间的空隙填充板，高度在25cm以内，木纹横向，也有饰以雕花的板。

（4）望板

替代望砖，用于屋顶椽面之板。

（5）棹木、山雾云、抱梁云等，以装饰为主的雕花板类。

3. 屋檐小件

（1）眠檐

一种用于出檐椽背部的木条，用以阻挡望砖下滑，并连接出檐椽。

（2）勒望

固定于椽背的木条，用以阻挡望砖下滑之木条。

（3）里口木

用于飞椽与出檐椽连接处的木条，立面上开有缺口，以安置飞椽，并阻挡望砖下滑。

（六）木戗角

在建筑屋顶转角之阳角位置，梢部与屋顶斜坡呈反方向起翘之木构件。通常，戗角按其用料及构造的不同可以分为老戗发戗及嫩戗发戗两种，前者的起翘仅依靠瓦作构件形成，后者的起翘由瓦作构件与木作构件共同完成（图3-16）。

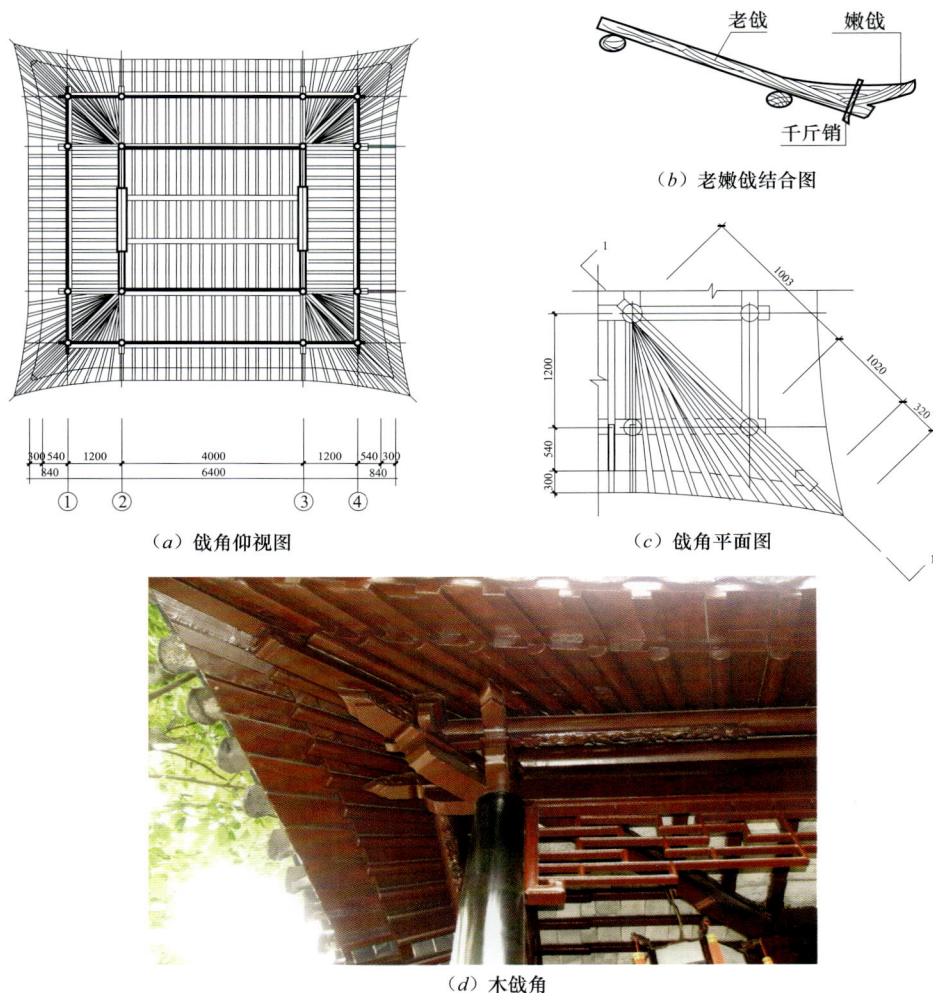

（a）戗角仰视图

（b）老嫩戗结合图

（c）戗角平面图

（d）木戗角

图3-16　戗角（单位：mm）

（七）轩

1. 轩的概念

轩是大木构架的一个部分，设置高度在草架以下、廊枋之上，以此美化古建筑木构架。

2. 轩的种类

（1）按轩的所在建筑的位置，可以分为前轩、后轩、满轩、廊轩四类（图3-17）。

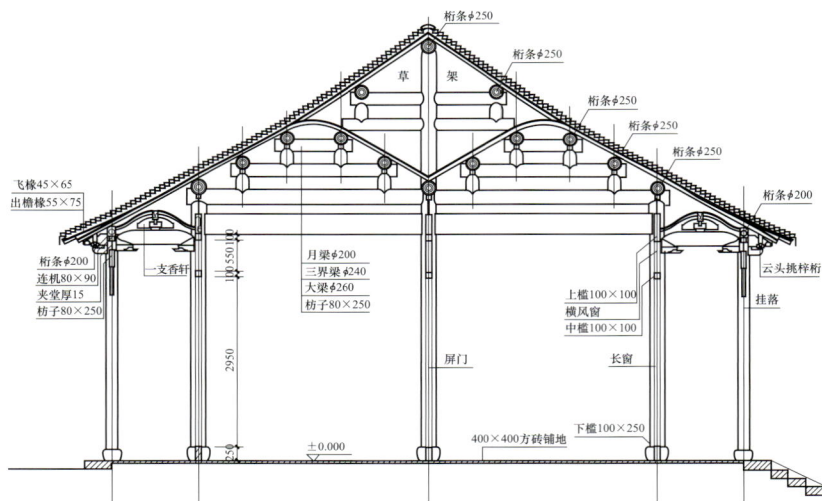

（a）满轩

（b）一枝香轩

（c）茶壶挡轩

图3-17 轩（单位：mm）

（2）按轩的高度，可以分为抬头轩、磕头轩两类。

（3）按轩的形状，大致可以分为茶壶挡轩、弓形轩、船篷轩、菱角轩、鹤颈轩、一枝香轩等。

（4）按构件形状，可以分为圆作法、扁作法两类。

3. 轩的主要构件

轩由轩梁、荷包梁、轩童柱、轩椽等构件组成，要求这些构件制作精细、用材高档。

4. 构造

轩的所有构件与大木构架连成一体，也属于大木构架的一个部分，且与大木构架安装同步进行。其中的轩梁与柱类构件连接。一枝香轩、廊界船篷轩等，轩梁，不但是观赏构件，也是承载屋顶的受弯构件。

第三节　斗栱制作、安装方法及技术要求

斗栱是由多种构件组成的一个过渡性构件，由斗、栱等构件结合而成。苏州称之为牌科。其位置设在柱头之上，桁条或大梁之下。

一、制作斗栱的首选材料

制作斗栱除了要满足古建筑用材的条件外，尚提出以下首选条件：

（1）选用抗裂性较好的材种制作斗栱。抗裂性能最直观的方法是对材种木纹的选择。通常，木纹交织的木材不易开裂，常见的树种为香樟。

（2）选用抗压性能较好的材种。斗栱中的部分构件应具备承压功能，应选用耐抗压的硬质木材。例如，阔叶树中的麻栎等树种，比较适用于制作斗栱。

（3）选用质地结实的针叶树作为制作斗栱的材料，例如自然生长的杉木，其底端芯材也是制作斗栱的首选材料。

二、放足尺大样及出样板

（1）根据斗栱的平面布置图，放1：1足尺大样。大样的式样除了要符合设计要求外，尚应该符合斗栱所反映的时代特征、传统做法、地方特征等要求。大样的各部分尺寸除了要满足设计要求外，尚应符合大木构架整体的尺寸要求，各构件的分部尺寸相加等于总尺寸，且各分部尺寸都应该符合法式或地方做法的要求。

（2）各构件分部样板尺寸与大样一致，将各构件样板组合，其总尺寸等于大样所示尺寸（图3-18）。

图3-18　柱头牌科

三、斗栱各构件的连结方式

1. 坐斗与斗盘枋的组合法

坐斗底面做斗桩榫，以五七式牌科为例，斗桩榫的宽、厚均为2.8cm。斗桩榫由硬质木材制成，埋入斗内的深度为1.2～1.5倍的斗桩榫宽，埋入斗盘枋深度为斗盘枋厚度的1/2。

2. 栱与坐斗的连结方式

坐斗斗口中心位置留底，留底高度为斗高之2/5，用以固定三升栱在斗口内的位置。

3. 丁字栱、十字栱与三升栱的连结方式

丁字栱在尾部做燕尾榫与三升栱连结，燕尾榫的高度一般为栱厚度的1/2。十字栱与三升栱相交，用敲交方式连结，三升栱做底交，十字栱做面交。要求较高的敲交，三升栱与十字栱相交部位做护肩，使两栱相交点结合得更紧密。

4. 栱与升的连结方式

栱与升的连结方式近似坐斗与斗盘之方式，即在升底做桩榫与栱连结，桩榫的尺度按坐斗斗桩榫同比例缩小。

5. 实叠栱之间的连结

实叠斗栱除升底桩榫外，尚应在实栱之两端做排销连结上、下两栱。排销可用毛竹或硬木制作。以五七式为例，排销的宽度在3cm左右，厚度在1.5cm左右，埋置深度为3cm。

6. 整座斗栱的连结

每座斗栱在坐斗中心的位置应设一硬木方销，从坐斗至廊桁连机，以串固一座斗栱中的所有栱类构件。若用于牌楼的斗栱，则应在牌科之斗口内，木销贯通串固各层牌条，直达顶部与梁类构件连结，使之成一整体。

7. 有草架的柱头坐斗设置

当木构架柱头伸入草架内，柱头应贯通，应将坐斗做成两半，坐斗的中间开孔，用于柱头从孔内穿过。坐斗上做钩榫与木柱连结，即在形式上做成柱头坐斗，实质上是一种装饰性构件。

8. 垫栱板

（1）斗栱之间的"行灶门"设置垫栱板，板的厚度不应小于1.2cm。桁向栱与垫栱板以槽相连，槽的深度不小于板厚。

（2）垫栱板的拼合应以竹销为连结件，也可竹销拼合的同时，在拼缝内加胶水粘结。所用胶水应具有耐久性及防水性。

（3）垫栱板的雕刻，用于建筑外立面的垫栱板，其雕刻以透雕为主。用于藻井等装饰性斗栱，其垫栱板以深浮雕为主。

（4）垫栱板的外形尺寸应该根据所在开间及斗栱自身尺寸，排列后出样板制作。同一建筑由于开间尺寸的不同、进深与开间的不统一等原因，其垫栱板的外形有所不同。

（5）垫栱板的安装与斗栱同步间隔进行，按顺时针或逆时针方向之顺序，按一座斗栱、一宕垫栱板遂座遂件的安装。

9. 鞋麻板

（1）鞋麻板的使用位置在桁向栱之间，且仅限于亮栱。鞋麻板与栱用开槽方式连结。通常鞋麻板的厚度不小于1.2cm，槽深不小于板厚。鞋麻板的雕刻与否决定于垫栱板，即垫栱板若雕刻，鞋麻板随之雕刻，反之则亦为不雕刻。

（2）鞋麻板的外形及尺寸应该按照斗栱的大样图，出样板、套样板后获得。当同一建筑用一种以上的桁向栱时，则鞋麻板的外形随着桁向栱的变数而改变其外形。

10. 枫栱板

（1）枫栱板的尺寸可以参照坐斗立面的尺寸，每块枫栱板应做成一体，不应拼接。枫栱板的厚度按坐斗宽的1/10，枫栱板的安装倾斜度（泼势），为枫栱板高度的1/2。

（2）枫栱板安装在丁字或十字栱之间的小升位置，以开槽方式与栱、升连结。枫栱板安装时与斗栱自下而上顺序同步。

四、特定情况的斗栱尺寸

1. 柱头坐斗和随梁枋坐斗的尺度

柱头坐斗的平面尺度不受建筑斗栱尺度的限制。柱头坐斗的平面尺度应视柱头顶端尺度而定，其斗底宽度应该满足于柱头顶端直径，随梁斗栱的宽度与本建筑斗栱尺度一致，厚度视随梁枋厚。柱头坐斗，随梁枋坐斗的高度与本建筑斗栱尺度一致。

2. 斜构件

角科斜出构件应与正立面与侧立面的构件伸出长度在同一平面直线长上，即斜出构件的实际长度为正立面、侧立面构件长度×1½，精确数值根据大样定（图3-19）。

图3-19 角科

3. 柱头实叠科用料

实叠科用料高度应比亮栱增加一栱眼高度，其厚度，可以照一般栱加厚20%（图3-20）。

图3-20 柱头实叠科及桁间科

五、斗栱修缮原则

（1）斗栱修缮要严格把握原构件尺度、法式、做法等特征，对于文物古建筑斗栱的修缮须先对斗栱进行拍照、测绘，根据损坏程度编制修补方案，经相关部门确认、审定后才可以实施。

（2）修缮后的斗栱应与原件一致。对文物古建筑斗栱的各构件应对原构件拓样后出样板，按样制作、修复。

（3）对文物古建筑的斗栱修缮的用材尽量要尊重历史原貌，尚且无法满足的则应该用质和色近似之材料制作、完善损坏的部分。

（4）对于受压程度不大、构件裂为两半，且裂纹不齐者，则可以按照文物等级程度的不同和损坏的特定情况，采取胶粘、夹结等方法进行加固修缮，以达到对原构件最小的损坏，最大限度地保持原构件的效果，对无文物等级的斗栱修缮则可根据更换构件的难易程度，采取加固补强或更换构件的方法。

（5）对局部压缩变形较大的构件，且构件材质状况尚可的，可以采取用硬木填补变形部位的方法修缮。

（6）对悬挑性构件，例如昂、云头、十字栱、丁字栱之类，可视其悬挑构件的受力情况确定修缮方法，在保障使用安全的条件下通过接换、挖去腐烂部位修补、夹结加固、更换构件等方法修缮。

（7）对于牌条的损坏的修缮可视其损坏程度，进行挖补、接换等方式的修缮。

（8）对垫栱板等构件的修缮，若单构件损坏面积小于 1/2，则应对其局部修补。对于原有雕刻图案的修复宜采用拓样方式，取得原样，然后按样修复。新、旧构件拼接可采用化学胶结法，对于损坏程度大于 1/2 的，且不属于文物保护范畴的，则可以采取更换的方式对其进行修复。

（9）修缮后的斗栱，应该构件齐全。各构件相关的水平度、垂直度应该良好，加固、补强用的辅助构件应基本隐蔽，使用应安全。

六、斗栱的保存及安装

1. 斗栱的保存和编号

斗栱制作结束后，应以座为单位，摆放在成品仓库内，且与地面相距不少于 50cm。对各座斗栱在建筑中所处位置按约定俗成的办法提名、编号。

2. 安装斗栱的现场条件

安装斗栱必须在大木构架的柱、枋及部分梁构件已安装结束之后进行，且已经基本校准，并在临时固定撑杆齐全的情况下安装斗栱。安装斗栱还应该采取防雨措施，以防止构件受潮变形、开裂，影响其使用和外观效果。

3. 安装准备

（1）安装用支架

安装丁字形，十字形斗栱，在其悬挑昂、栱类构件底面标高位置，事前用平直的木方搭设一支架，用于安装斗栱时搁置丁字栱、十字栱、昂、云头等悬挑构件，以保障构件安全。

（2）搭设满铺脚手架

待木构架就位后，在安装斗栱位置的前后两侧搭设满铺脚手架，用以摆放斗栱构件，并作为安装平台，不应在无安全保障的情况下，草草安装。

4. 安装顺序

柱头科、角科随着其的梁类构件安装而先行安装，然后安装桁向牌科。在安装斗栱时应拉统线对照构件的水平度和悬挑构件外挑长度，并以统线为准，及时微调构件的水平及悬挑长度，避免事后发现安装缺陷，难以修整。

5. 检验

斗栱安装结束，组织相关人员对其检验，重点检验升之类的小构件有否缺少或损坏，同一立面之昂类构件、栱类构件是否在一水平上和一直线上。此类情况一旦在事后发现，极难校正和修正（图3-21）。

图3-21 牌科

第四节　装折构造和做法

一、装折的概念

装折又名装修，是指大木构架形成以后安装的门、窗、隔断及古典装饰木构件的统称。就构造形式上而言，装折是不承受屋顶荷载的木构件；从安装时间上区别，装折是大木构架安装结束和建筑屋顶结束后安装的木构件。

二、装折的功能及内外划分

1. 装折的内外划分

建筑廊柱位置是划分内、外装折的分界线。安装在廊柱及廊桁底面的木装折，例如长短窗扇、挂落之类都属于外檐装折之列。纱窗、飞罩、落地罩之类因其所处的位置在廊柱以内，则称为内装折。总之，同类构件，包括式样、做法完全一致，所处位置在廊柱一轴线的，形成外立面的装折称之为外装折。不在上述外立面位置的，则称为内装折（图3-22）。

图3-22 内、外装折

2. 装折的功能

装折是具有实用功能和观赏功能的木构件，它既为完善建筑造型，充实大木构架的完备性，弥补了不可能完成的细部处理，又为建筑增添了使用上的方便，即实用价值。例如，以景观为主的亭类建筑，其立面装折的挂落、半墙、美人靠之类为多，其中的挂落填补了构架的大空间。半墙和美人靠既稳定了亭的构架，又为憩息者提供了坐椅。对实际使用要求较高的建筑，如适于居住的楼厅类的建筑之外的装修，则以对子门、长窗之类为主，使之既具备装饰建筑外立面，成为有地方特征的古典建筑，且又具备抵抗自然影响的实用构件。在介于前述两者之间的礼仪性建筑，例如门厅、四面厅之类，其外部装修则多以半敞开式为主，以彰显气派。

内装折则是室内的装饰与分隔双重功能的构件。内装折与室内陈设也有着明显的界限。内装折构件与建筑大木构件有依附关系，而室内陈设则与建筑大木构件相脱离，是可以随意搬动的木制品，例如台、凳之类。

三、装折的两种做法

1. 宫式做法

宫式做法是以一种简洁手法制作的装折，其基本特征是装折构件之芯类构件都呈平直形状，以直线条组成，感觉挺拔、大方有力（图3-23）。

（a）宫式栏杆

（b）宫式挂落

图3-23　宫式做法

2. 葵式做法

一种复杂的装折制作方法，其芯类构件都是带弓形，工字撑，有弯勾。此种做法工艺要求高，构件感觉精细、轻巧，是典雅建筑中的佳品（图3-24）。

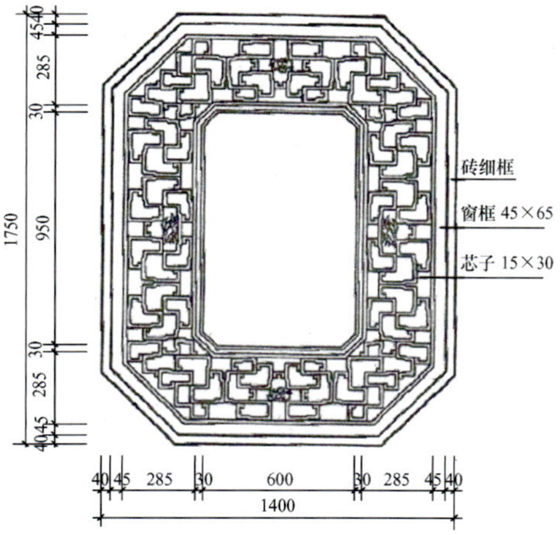

（a）八角窗

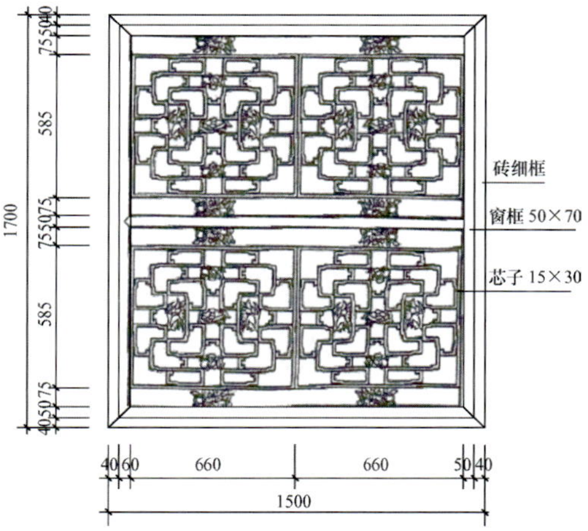

（b）方窗

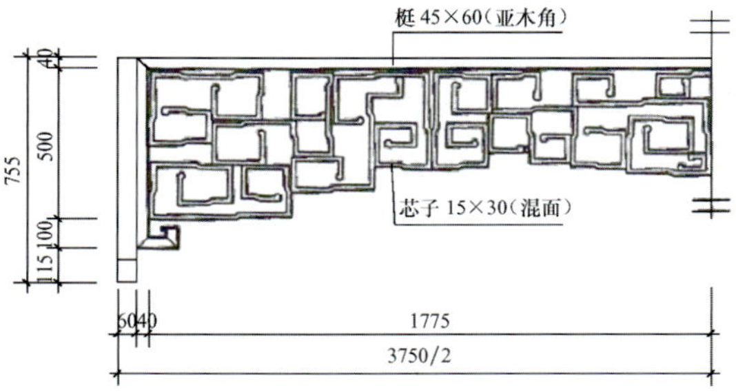

（c）挂落

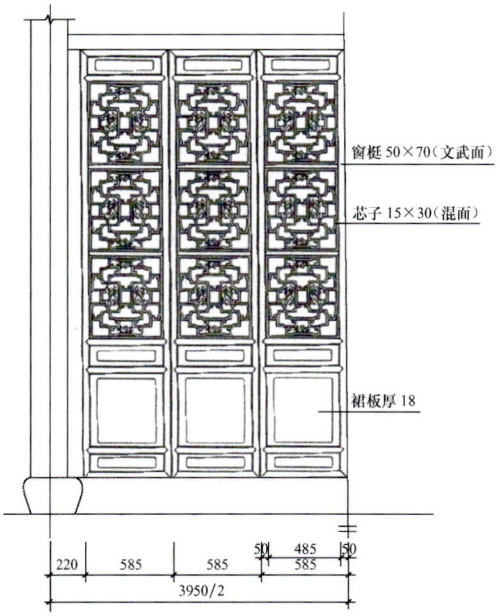

（d）长窗

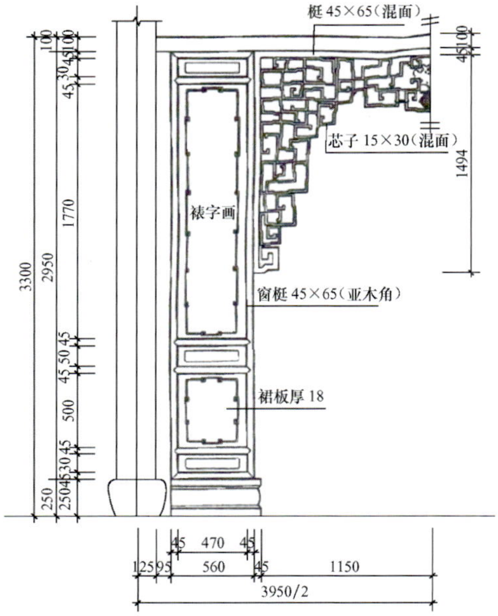

（e）飞罩

图3-24 葵式做法

四、常用的几种外檐装折及其做法

1. 挂落

一种安装在廊桁底部的装饰构件，全构件顶部及左、右两侧均有外框，底面仅依靠高低起落的芯子作为构件的收尾。挂落的具体名称是按其图案而命名的，常用的为"万"（卍）字式挂落，但也有乱纹、整纹、寿字等图案的挂落。只因后者制作繁琐，只有在精品建筑中个别使用此类挂落。

2. 栏杆

栏杆在外檐装折中是护围与装饰的双重功能，通常安装在有挂落的台基上，且与挂落处在同一投影面。栏杆适用于礼仪性建筑的走廊的两侧、四面厅的外围、厅类建筑的廊界。由于使用功能上的要求，栏杆有一定的强度，能够抵抗一定的横向冲击力。与挂落相仿，栏杆的命名由其芯子图案而定，常用的为"万"（卍）字或寿字等式；也有复杂的，有整纹、乱纹等图案。

栏杆由外框、中梃、芯子、花结子、拖泥板等构件组成。当栏杆上装有半窗时，则其外立面由雨搭板遮盖。雨搭板是随着使用需要而可以装卸的。栏杆还因使用要求的不同，有高、矮之别，矮栏亦称为半栏，适用于防护要求不高的建筑（图3-25）。

图3-25　栏杆

3. 外檐长窗

外檐长窗以樘为单位。一般一樘为六扇或八扇，可在建筑的前后立面正间各装一樘，也可在建筑前、后立面都装长窗。

长窗有上夹堂、芯子、中夹堂、下夹堂四部分组成。窗的命名以芯的图案而定，常用的图案有万字、龟纹、冰纹、六角景、八角景、整纹、乱纹等。在做法的要求上，除了以使用复杂、简单的图案区分之外，尚有夹芯子与单芯子长窗之别。习惯上夹芯子长窗不用于外檐装折，但在现代建造的仿古建筑中常有外装折长窗使用夹芯子的情况。

传统做法，外檐长窗中夹堂及下夹堂的外立面为统长裙板，以利挡雨。外檐长窗之夹堂设内夹堂板，常饰雕花（图3-26）。

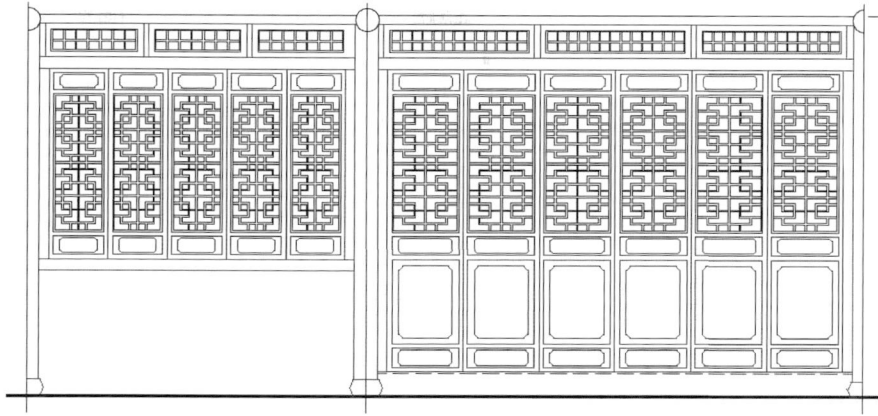

（a）外檐长窗

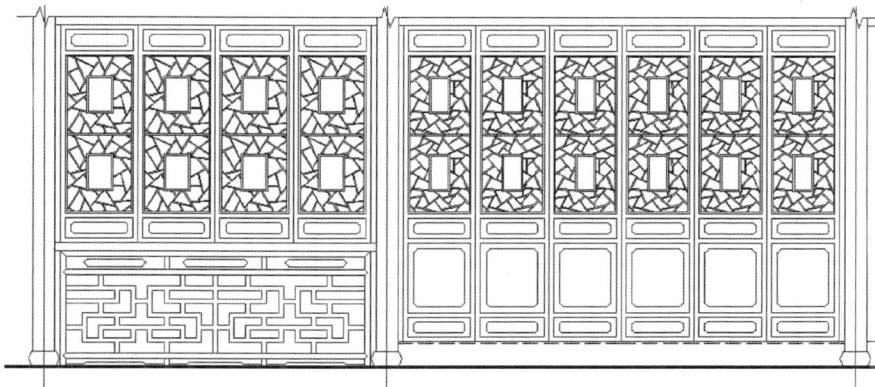

（b）外檐长窗

（c）外檐长窗

图3-26　外檐长窗

4. 半窗

半窗即短窗，一般位于长窗的同一立面，长窗置于正间，半窗则为二边间。短窗由上夹堂、芯子、下夹堂组成，其上夹堂及芯子高度与同一立面长窗之芯子相同，其下夹堂外立面做裙板，裙板功能与长窗相同，内夹堂板也饰以花板（图 3-27）。

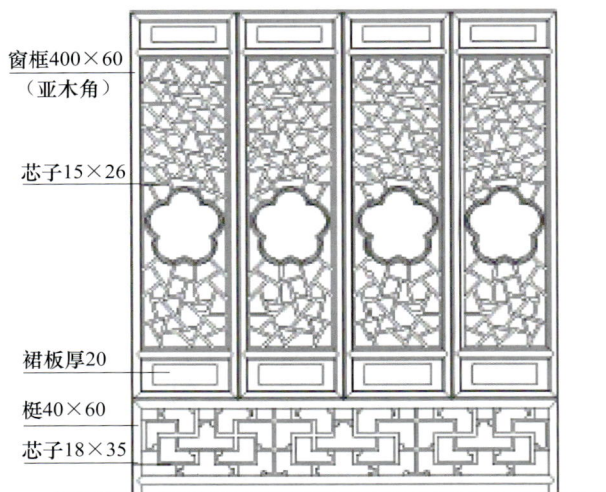

窗框400×60
（亚木角）

芯子15×26

裙板厚20

梃40×60

芯子18×35

（a）半窗

（b）半窗外立面的一种

图3-27 半窗（单位：mm）

5. 内装折长窗

内装折长窗亦称内檐长窗，安装位置一般都在步柱轴线。内檐长窗裙板、前、后二立面夹堂板都雕刻花饰，其他做法与外檐长窗一致。为便于廊界行人。内装折长窗都以内开。

6. 纱窗

纱窗亦称纱隔扇，用于书房、起居建筑分隔之用，其做法与长窗相似，不同点是窗框用料规格较长窗小，且不设芯子，取代芯子的是雕花镶边。在芯子位置裱装诗画，以示雅致（图 3-28）。

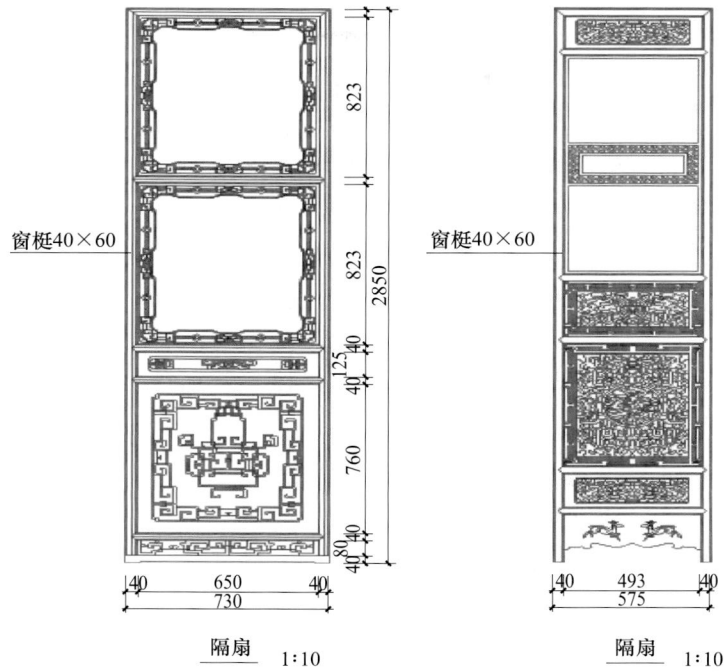

窗梃40×60

窗梃40×60

隔扇 1:10   隔扇 1:10

图3-28 纱隔扇（单位：mm）

7. 飞罩

飞罩为内装折通道之上的装饰件，形似挂落，但做工用料都比挂落考究，也有以雕花为主的飞罩，其雕刻手法以透雕、圆雕为主（图3-29）。

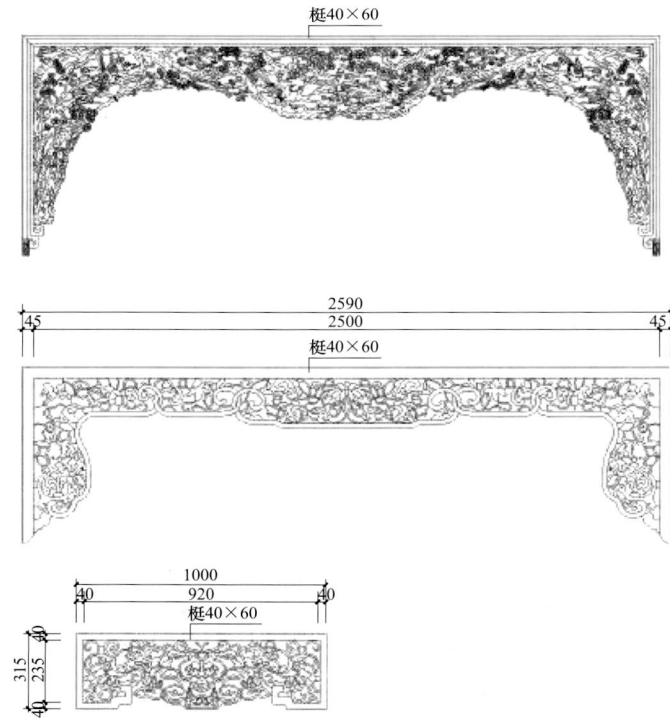

梃40×60

梃40×60

梃40×60

（a）雕花飞罩

图3-29 飞罩（单位：mm）（一）

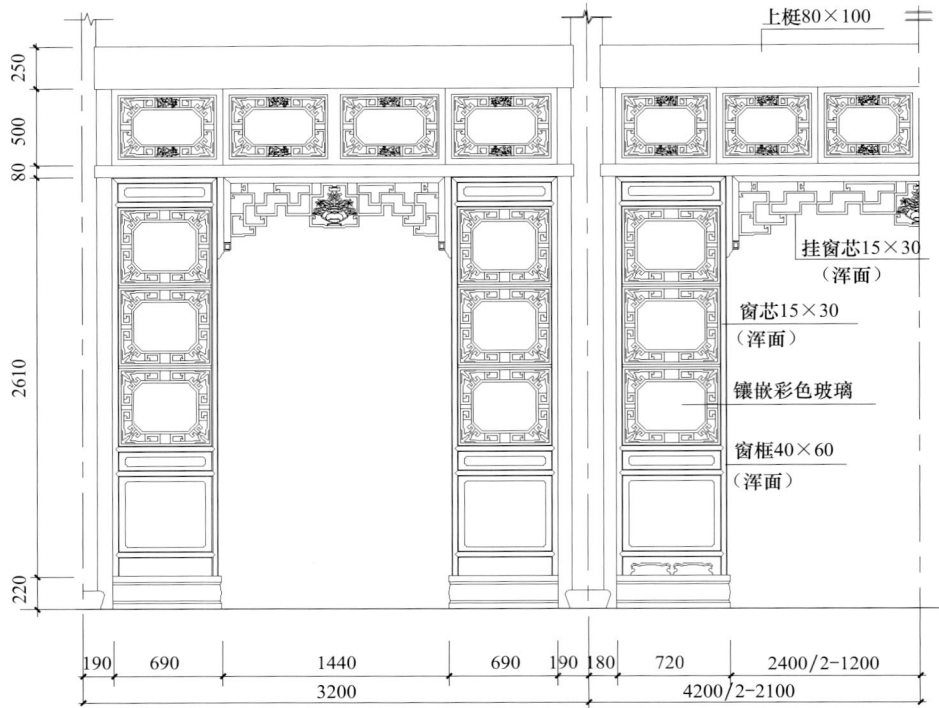

上栻80×100

挂窗芯15×30
（浑面）

窗芯15×30
（浑面）

镶嵌彩色玻璃

窗框40×60
（浑面）

250
500
80
2610
220

190 690 1440 690 190 180 720 2400/2-1200
3200 4200/2-2100

（b）敲芯子飞罩

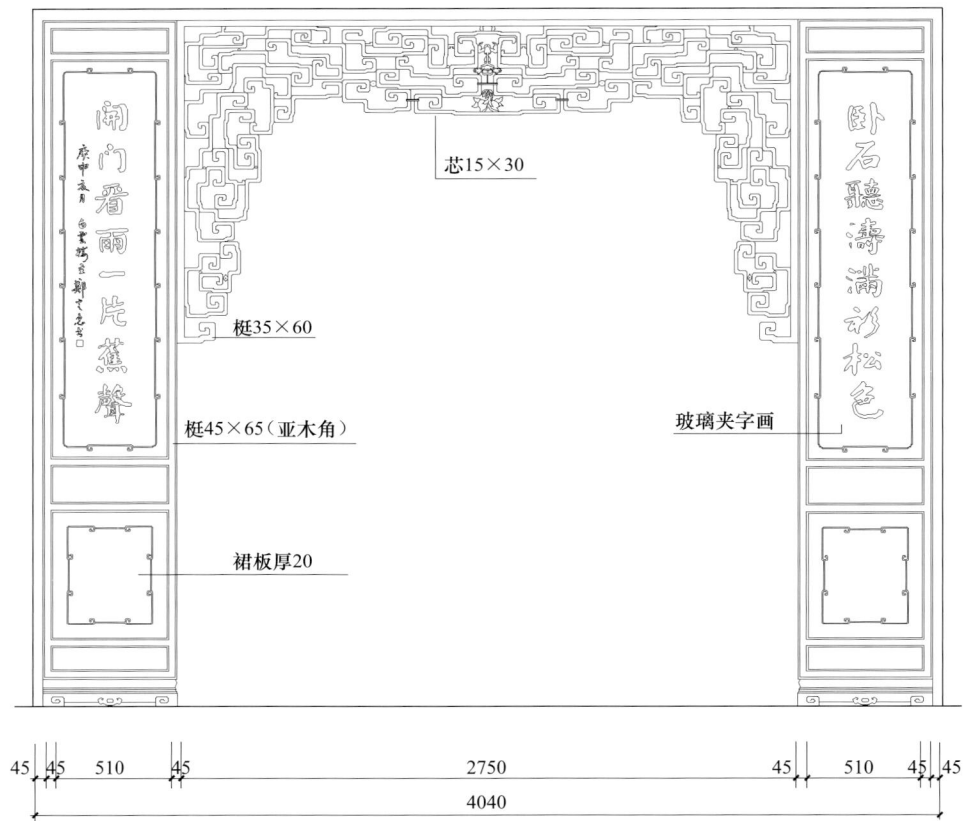

闸门看雨一片蕉声

卧石听涛消沙松色

芯15×30

栻35×60

栻45×65（亚木角）

玻璃夹字画

裙板厚20

45 45 510 45 2750 45 510 45 45
4040

（c）敲芯子飞罩

图3-29 飞罩（单位：mm）（二）

8. 落地罩

一种底部搁置于地面上的木制饰件，其中间留有供人进出之门洞，其形式有敲芯子，雕刻二类。图案有回纹、乱纹、一根滕等形式。雕花的地罩常见图案为岁寒三友、梅竹兰菊等图案。敲芯子做法的地罩之门洞常为圆形，雕花做法的地罩的门洞常为矩形。落地罩多用于厅堂类礼仪性建筑，如建筑群中的大厅、招待贵宾用的内厅等（图3-30）。

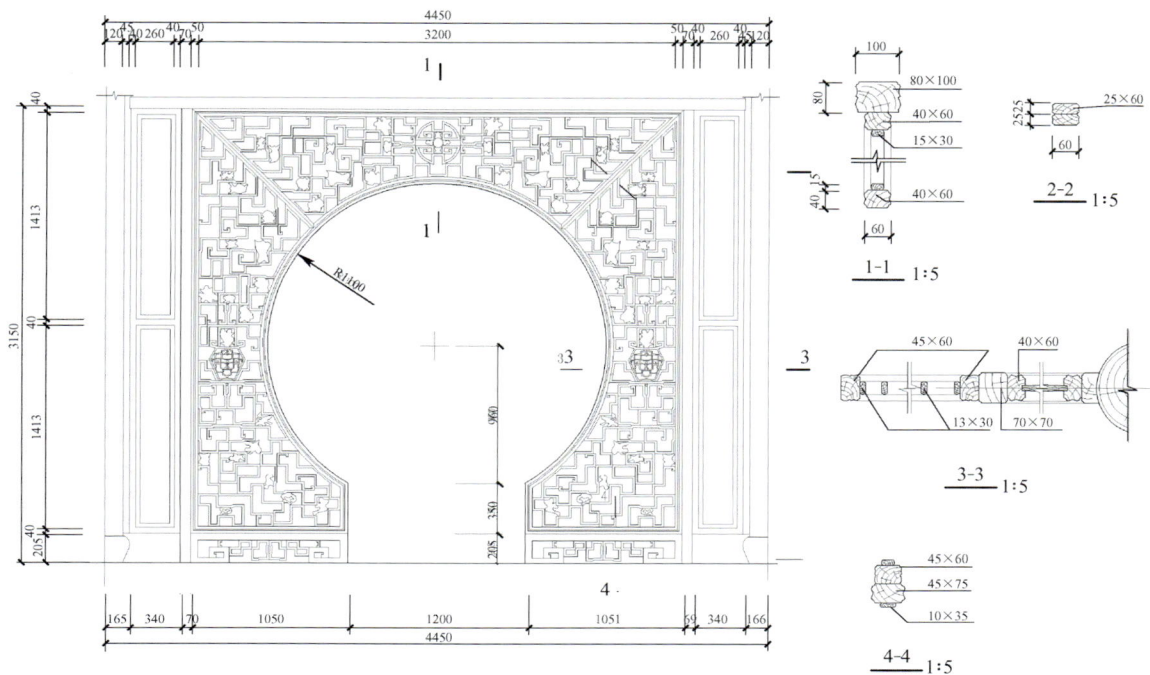

图3-30 落地罩（单位：mm）

9. 和合窗

和合窗，现代名称为支摘窗，适用于临水的舫、榭类建筑，常以二扇或三扇一组，纵向排列，一般上一扇为外掀式开启，下一扇为拆卸式开启。通常一间内设3～4组和合窗。和合窗的安装高度与半窗高度近似，在50～100cm以内（图3-31）。

（a）和合窗与建筑的结合

图3-31 和合窗（一）

(b) 和合窗

图3-31　和合窗（二）

10. 美人靠

美人靠亦称吴王靠、飞来椅等，是设置在敞开式建筑外围半墙之上的装折构件。美人靠向外倾斜安装，依靠构件箍头位置的铜钩与木柱挂牢，构件净高一般在50cm左右，倾斜度在高度的1/3左右。美人靠的作用是护围，且又有椅子之靠背的功能。美人靠的芯子常以雕花竖芯为多，偶有"万"（卍）字做法的芯子，但加工复杂，故很少使用该类做法。

美人靠由上、中、下梃，箍头、芯子、脚头、花吉子、拖泥等构件组成一个整体，是观赏性建筑常用的装修构件（图3-32）。

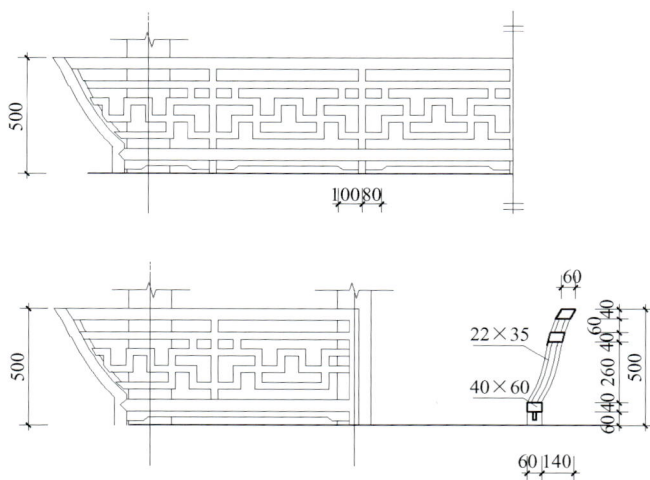

图3-32　美人靠（单位：mm）

11. 几种常用的门

（1）将军门

一种用于规模较大的建筑的大门。该门安装在大门脊柱的位置，两扇对开，门的两侧做特殊大门框，称作门当户对。门的底端摇梗支撑在坤石尾部，上部固定于对脊枋，即额枋上。门的底面下横头至地面尚有50cm左右的空隙，以高门槛填实。高门槛是一种能装卸的木质构件，人员进出时可提升开启。门框上设有阀阅，以搁置匾额。将军门整体大度、威严，属高品位之门第（图3-33）。

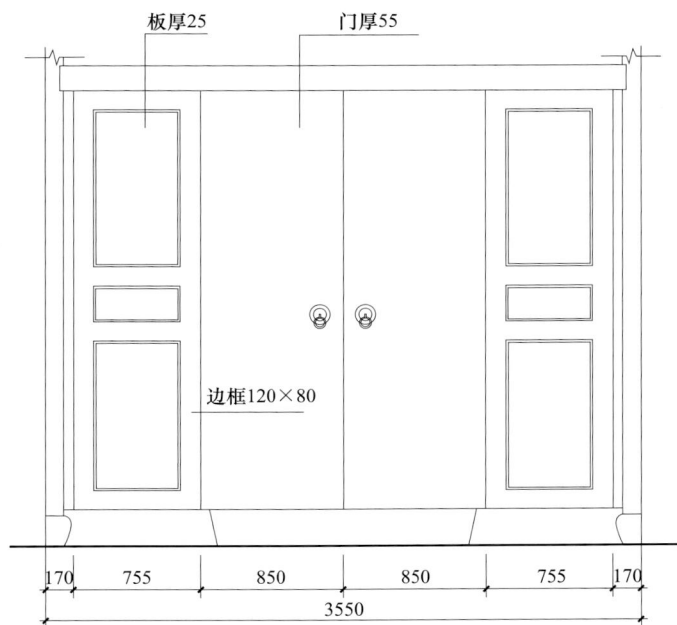

板厚25　门厚55

边框120×80

170　755　850　850　755　170

3550

图3-33　将军门（单位：mm）

（2）库门

库门，通常用于塞口墙之门，为一般性建筑群之主出入口，也有设置于内室之用。库门为实拼门，为增强其牢固度，并具有防火、防盗的功能，库门外立面可以装上砖细构件，也有在库门上安装竹片补强的做法。

（3）屏门

一种常用于厅堂类建筑，且内装折标准要求不高的室内分隔之门。屏门的安装位置在后金柱轴线，以六扇或八扇为一樘，向后开启。屏门可以分为实拼及敲框两种做法。屏门虽无华丽之感，却有稳重、端庄之气。

12. 天花

（1）木板天花

建筑规模一般的民居性建筑中的天花板，多为海墁的形式。其高度一般在廊桁的中心线上。

（2）棋盘顶

棋盘顶是适用于大殿类建筑的专用室内顶棚。棋盘顶由大龙筋、棋盘格条、棋盘板等构件组成。棋盘顶的高度一般设置在梁类构件的中心位置，同一建筑棋盘顶的高度可分为两个层次。

（3）藻井

在使用棋盘顶的同时，在建筑的中心位置，设置藻井。藻井亦称井罩，是在棋盘顶上做一个向上隆起，形式如井状之装饰件。藻井因制作工艺上的不同，大致可以分为鸡笼顶及螺蛳顶两种。

第五节　木装折制作、安装方法及技术要求

一、木装修的基本内容及制作顺序

1. 木装修所包含的内容

木装修所包含的内容有各式木门，内外窗扇、纱隔、飞罩、落地罩、栏杆、挂落、美人靠、天花板、

井罩（藻井）、博古架、上下槛、抱柱等，是木屋架以外的且对建筑起护卫及使用功能要求的构件。

2. 木装折制安的一般顺序

（1）选定材料

根据施工图图纸的要求，结合建筑的性质、形状，建筑室内的使用功能要求以及色泽等多方面权衡，包括经济技术指标，确定所用的材料及材质，并经相关人员确认。

（2）对木材的干燥处理

采用人工法干燥时，宜加工成板材、方材后进行，采用自然法干燥，宜首先加工成板、方材，待基本达到干燥后再加工成规格材继续干燥。这样的干燥过程，能够最大限度地减少木材在干燥过程中的变形及开裂。自然法干燥的周期较长。

（3）放大样

对木装折构件异形或外形规则内芯子与横竖边框不平行的装折件都需要放足尺大样后方能制作。放大样还应该对图示尺寸进行复核或在施工现场实地测量构件的外形尺寸，以达到准确无误。

（4）木装折制作

木装折的制作可以采用机械与手工操作相结合的方式进行，在符合原工艺流程的条件下，尽可能采用机械替代手工。木装折的最终效果应符合传统的做法。

（5）保管运输木装折

在保管、运输的过程中，应该采取针对性的保护措施，应该根据构件的形状，用不同的堆放、包装方法，使木装折最薄弱的部位得到保护。分门别类地保管及运输包装，也是保障木装折最终质量的重要环节。

（6）安装

安装工作是木作工种对装折的最后工序，装折的位置应该居中，两侧抱柱对称，构件应该横平竖直，与建筑构架完美结合，并满足使用功能。

二、窗扇制作

1. 窗扇梃与横头构件的连接

窗扇梃、横头的看面应该小于厚度尺寸，两构件做双夹榫连接，榫厚为料厚的 1/5 ～ 1/6。在窗扇上下两端头，梃与横头 L 形相交应做全角，在夹堂位置，梃与横头 T 形相交时，可根据构件起面形式而定，用直叉、虚叉等形式交接。

2. 夹堂板、裙板与框的连接

夹堂板四周的落槽方式与窗框连接，槽深一般不小于 1cm，裙板以板头榫方式与横头连接，裙板的两侧以竹销与梃相连。

3. 窗扇之间的缝道

窗扇之间的碰缝视窗梃宽度（进深尺寸）而定，通常在 0.5cm ～ 1cm 之间。碰缝的做法常为高低缝和鸭蛋缝两种。做缝的损耗应该在构件下料时增放。在制作及排缝过程中应该考虑到做"顺手缝"。

4. 和合窗

和合窗的外掀式窗的高度应该以不影响通行为原则。和合窗之间的缝道做高低缝，上一扇窗应该能够盖住下一扇窗。窗扇两侧铲口的深度不小于 1.2cm。

5. 窗芯边条

窗芯外围应做边条，边条的看面与窗芯看面一致。有条件的窗芯要设置收条，收条的间距在 100cm 以内。

6. 窗芯的连接方法

窗芯必须以传统的榫卯连结，当两构件"L"形相交接，则以双羊脚榫连接，正反两面做合角。当两构件"T"形相交接，用深半榫联结，正面做虚叉相交。当两构件十字相交时，则应做合把嘴（敲交）连接，合把嘴留底宽度不小于构件看面的1/3。

7. 夹芯

夹芯之两芯图案应该重合，正面芯的榫卯与框连接，反面之芯以木销方式与框连接。两芯之间相距尺寸能够满足安装分隔材料（玻璃）的厚度。

三、门扇制作

门扇的做法包括实拼门、夹鼓门、框档门。门扇的安装形式包括落堂门，按其所在位置则可以分为墙门、屏门、将军门、大门、对子门、边门、后门等。

1. 实拼门的制作

（1）实拼门由实木拼合，拼缝做高低缝，也有推缝做法，但因工艺复杂而少见。缝道以铁质或竹质拼钉拼合，且以竹质拼钉为佳。除使用拼钉外，尚需做硬木销穿连，硬木的数量不少于两道，两道硬木销设置在门扇总长30%左右的位置。

（2）当门板材料的厚度不足以穿固硬木销加固时，则可以采用实拼拍横头的做法，以替代硬木销穿固。此类做法常运用于屏门及对子门。横头构件与实拼板构件以榫卯方式连接，其中横头构件做卯，拼板构件作榫。

2. 夹鼓门制作

（1）适用范围

夹鼓门适用于建筑群的主入口，一般为庙宇建筑的山门，官府建筑的门厅之将军门以及民居、豪宅中的主入口正门。

（2）夹鼓门的连接方式

通常，夹鼓门的门梃与横头构件的连接均做双夹榫。横头、木档的间距不宜大于35cm，以保障板的抗推击强度，每扇夹鼓门内不应少于5根木挡构件。木档与门板以穿桄（也称穿带）方式连接。门板两端做板头榫与横头连接，板的两侧贯销与门梃连接，销的位置应该避开穿桄位置。

3. 框档门制作

（1）框档门梃构件与横头构件一般以独榫方式连接。通常门的外侧做掀皮合角，摇梗一侧（内侧）做直搓。榫卯的尺寸为门框料厚度之1/4。

（2）框档门除上、下横头构件外，中间的桄子构件通常为5根，其中3根用穿带形式做法与门板连接，另外2根可不穿带。

（3）框档门板上、下端做板头榫与横头构件连接，两侧以销与门梃连接。

（4）框档门的宽度按其装法的不同而有所区别，当为落堂做法时，门宽按落堂宽度而定，当门为避门装法时，门的宽度按门不露枨原则确定其宽度，门厚为门的实际厚度。

4. 美人靠制作

（1）美人靠的高度通常在50cm左右，由上、中、下盖梃、箍头、芯子、花结子、拖泥板（牙板）等构件组成。

（2）美人靠放大样。美人靠的截面为一圆弧状，美人靠的盖梃、箍头等构件均呈不规则状，其圆弧应放大样，大样必须正确地反映美人靠的波势及其圆弧形状，然后出样板，按样板制作芯子及梃类构件。

（3）各构件的连接方式。美人靠的外框以双夹榫形式的榫卯连接，芯子框料以半榫连接。当两榀美人靠在建筑转角处相交时，美人靠的箍头应做合角，且应交接平整、高度一致。

（4）美人靠固定。在美人靠箍头上端中梃与盖梃之间的位置，设置金属构件与廊柱连接，在美人靠的底端，做半榫与坐槛面连接，要求安装牢固，具有抗推击功能，以达到护围的功能。

5. 挂落、飞罩、地罩制作

（1）挂落、地罩、飞罩的图案有放样要求。挂落、飞罩、地罩的图案应以中心线区分左右两侧，左右两侧的图案必须对称，图案线条符合设计要求和加工工艺。若挂落、飞罩为简单图案，且制作要求一般时，则可以不放大样，直接制作，若图案复杂，则应该放大样。大样须经设计及相关人员审定，通过后方能按样制作。地圆制作，不论其图案简繁均应该放大样后实施。

（2）挂落、飞罩、地罩的外形尺寸应该略小于使用部位的开间尺寸。对挂落、飞罩、地罩的实际尺寸，应该在量得开间的净尺寸后，扣除抱柱尺寸所得到的实际尺寸。对地罩的净高尺寸确定，在量得实际高度后，须扣除其底面的须眉座高度。

（3）挂落、飞罩、地罩芯类构件的连接方法，参照窗类构件芯子的做法。

6. 木栏的制作

（1）木栏杆属护围性装修件，对安全性要求较高，构件应该具有一定的强度，其外框芯子类构件节点都应做双夹榫连接。一般芯类构件的厚度不小于5cm。

（2）木栏杆芯子的L形相交用大合角方式或掀皮合角方式连接，T字节点之芯子相交用虚叉做法，十字形节点相交则用敲交做法，阴阳条L形相交应做合巴嘴。

（3）栏杆的外框料厚度应该略小于抱柱及门槛的宽度。

7. 天花、藻井制安

（1）天花的边缘要固定在木构架梁、枋、桁类构件上，对矩形梁、枋、桁类构件外露为构件截面高度的1/2～3/4，对圆形梁、桁类构件其外露高度不应小于构件截面高之1/3。

（2）天花四周应在同一水平，中间起拱应为天花矩边长度的1/200。

（3）对天花筋与屋架连接的吊杆不能损坏屋架的木构件，且应该连接牢固、隐蔽。

（4）藻井与天花应该连成一体，藻井的周围要用板材与天花内部隔开，以防止灰尘侵入藻井内。藻井的斗栱形式，时代特征要服从于建筑斗栱，斗栱尺度、规模与藻井的高度尺寸适宜，斗栱间距应该符合制式。

8. 木装折安装

（1）长窗下槛应该都做成脱卸式，常用的有金刚腿法。一般性建筑的下槛常用空拼，以减少木材用量，大殿类建筑应该使用实槛，以增长槛的使用寿命和提高耐磨性。用于外装修的下槛不做铲口，但要做回风，内装修下槛作铲口，不开回风。

（2）门、窗用的抱柱厚度应该大于门、窗构件，小于槛类构件。同樘门、窗的抱柱宽度应相同。

（3）用于二层以上（含二层）的外立面窗，安装时应该采取必要的措施，加设安全连接件，以保障在窗扇脱离槛子时仍能不坠落。

（4）二层以上护围栏杆的脱卸构件要专门设置，确保在专业人员使用专门工具的条件下方能脱卸，以预防无关人员脱卸护围护杆。

（5）墙门、将军门等防卫性门的安装及安装后的脱卸须具有方向性，当大门开启后且垂直于门洞时，门扇方能脱卸，而不应该在关闭后仍能脱卸。

（6）门、窗都以其中心线作为确定安装位置的依据。在整樘的门、窗的安装中，不应该装成"冲心门"或"冲心窗"。

（7）对于符合规格的门、窗的安装，除了用铁钉与柱、梗连接外，尚需设置专用的铁件，以加固门窗及连接构件。

第六节　几项防治工作

一、防潮、防腐

（1）木材自身防腐。在选用大木构架用材时，根据建筑所在地的空气、湿度、降雨量等自然状况，选择能够适应当地气候、具有一定抗腐能力的材料，特别是对柱类构件尤为重要。

（2）含水率控制防腐。制作木构件的木材只有在达到规定的含水率以内方可进行加工，若木构件成品低于当地平衡含水率，方可对木构件进行刷漆封闭，以保障构件内部处于干燥状态。对于采用人工干燥法制成的木构件应在制成成品后即刻进行刷漆封闭。

（3）人工设防防腐。在有条件的地区，对建筑构件采用化学防腐处理，但化学防腐物必须不影响木构件的自身强度及避免对周围环境造成污染。对于与墙体、水泥砂浆直接接触的木构件，应采取防腐措施。

（4）构造性及结构性防腐。对于墙体部位的木构件，在砌筑墙体时应考虑木构件的通气性，预防墙体内的木构件因长期处于潮湿状态进而腐烂；对建造在山区或潮湿地带的古建筑之木构架可采用传统的高脚鼓磴，以提高柱头与潮湿地面的距离，增强木构架的自身抗腐功能。对设有天花板的建筑，在天花板顶部应设置通风洞孔，通风洞孔要满足通风良好且防止雨水侵入，对外立面无影响。

（5）周围及地面以下防水。对于地下水位高的山区建筑除了要做好外围的防水工作，设置排水管沟系统，还应在建筑内部地面以下设置具备通风排水功能的地下管沟，以自然法降低建筑内部的湿度。

二、防火设计

防火涂料。在大木构架的隐蔽部位，例如有轩的草架内、棋盘顶以上部分等位置，应该对木构件作防火涂料处理。对于露明的木构件可以选择不影响油漆的防火浸剂方法进行处理。

三、防虫

（1）对古建筑的防白蚁设防应从地基开始。在地基开挖后且尚未作基础之前，应对基槽作药物喷洒处理（常用1.5%氯母乳剂或3%亚硫酸钠溶液，且由专业单位人员处理）。对室内地基，也应该进行防白蚁处理。

（2）建筑周围防虫设防

对于已经形成的古建筑或仿古建筑的白蚁设防，可在原有建筑基础的外围，开挖深宽各为35cm的封锁沟，然后喷洒3%氯母乳剂，分别为基底喷洒、回填土喷洒。同时，用同样的方法对室内地基设防，以阻止白蚁从地下侵入。

（3）木构架防虫

对大木构架边贴与墙体接触的部位，如梁、枋、桁等横向构件与柱头的连接部位，柱与石鼓磴的接触部位是防虫设防的关键位置。在以上部位的榫卯结合点及屋面的基层处用防虫药剂喷洒三遍，其中的榫卯结合点为重中之重。喷洒是在前一次干燥结束后进行的。

（4）对于重点文物古建筑木构架的防虫工作，所有的构件均应进行全面喷洒，对其节点、横层等重点设防部位应重点进行。

第七节　木雕工程

木雕工程是指以木材为原料，通过雕刻使木构件的图案达到预期效果。

一、常见的木雕手法

常见的木雕手法有浮雕、线雕、透雕、镂雕、圆雕等手法。

二、建筑雕刻件举例

在大木构架中尚有部分构件为使建筑构架更有可看性，在保障构架的原有使用功能及足够的强度外，又对其进行的雕刻修饰。

1. 山雾云

用于扁作做法的厅堂类建筑，且为建筑群的主要建筑。山雾云位于建筑的山脊部位，为使该构件充分显露，都有一定拔势，即向外倾斜。山雾云都用透雕方法，以增强其观赏效果。山雾云的图案常以云鹤为主题。

2. 抱梁云

抱梁云就是抱着栋梁的云（栋梁即是正间脊桁）。抱梁云位于山脊部位，脊桁搁置点外侧，与山雾云相邻。抱梁云的图案以云蝠为主，雕刻方法以透雕居多。

3. 梁垫

梁垫虽然主要功能是增加大梁的搁置面，但在其悬挑部位，多以深浮雕的雕刻方法雕出以花鸟为主题的图案，梁垫的蜂头部位以镂雕为主。

4. 棹木

棹木是固定在梁垫上的雕花件，形似官帽，其功能既是装饰，又隐喻建筑主人的愿望。棹木的雕刻方法为深浮雕或镂雕，图案以吉祥花草为主。

5. 枫栱板

枫栱板的外形与棹木相似，安装位置在清式斗栱的昂的根部，其图案以仙鹤等吉祥物为主，雕刻方法为深浮雕或透雕，其功能为斗栱装饰物。

6. 垫栱板

垫栱板为斗栱之间室内外分隔层，板上常以传统花草图案为主，雕刻手法常为透雕。

7. 水浪机

用于桁类构件的底面，其功能是增加桁类构件的搁置面，图案以水浪为主，机头雕刻云状，雕刻方法为深浮雕。

8. 花机

常用于轩桁、梓桁的底面，其功能与水浪机相同，其雕刻方法以镂雕为主，图案以花草为主题。

除了上述的雕刻件外，尚有许多特殊情况下的装饰件，如偷步柱花篮厅的花篮头、插件等雕花件，此类雕花件常以花草为主题，雕刻手法以浮雕、镂雕为主。

第四章 假山

　　堆石叠山在江南园林造园艺术中是不可缺失的元素之一，在园景中假山既可独立成主要的景观，如环秀山庄就因用湖石把自然山岳中的峰、峦、壑、谷、洞、溪、悬崖、石室、石桥等风貌堆筑成景而闻名海外。又可与建筑、园路、水体、植物相结合，起到分割、点缀园林空间，丰富园景的功能。厅堂的踏步、阁楼的蹬道、水池的汀步，还可使有标高落差的景物自然地过渡到另一个景物中；一峰数石可组成趣味盎然的窗景、框景，置于墙角则可以达到"园不露隅"的效果；壁峰可破墙面留白太多，增加景观层次；假山花坛可防水土流失，为植物的立体配置创造条件；假山瀑布和涧溪使园景产生动感，悦耳的水声更加动人心弦；池塘、假山、驳岸，则可以使原本平淡、呆板的人工水池显得曲折幽深，"似有源头活水来"。杰出的假山作品更具有生动直观的宣传效果，比如冠云峰，它不仅仅是一块秀美的峰石，更是"中国四大名园"之一留园，乃至"园林城市"苏州的象征。

第一节　假山的分类

传统意义上假山分为太湖石和黄石两大类，代表假山的两种不同风格，即黄石假山浑厚古朴，湖石假山则相对阴柔圆润。现在，随着需求的多样性及石材资源的逐渐减少，假山艺术的表现形式不断推陈出新。

一、太湖石假山

太湖石简称湖石，原产自太湖西山岛，因宋代花岗石而闻名，但随着大量的开采，在西山岛早已开采殆尽，以后逐渐在临近的地区及外省寻求"湖石"来源，近代主要的采石区域在安徽巢湖、浙江长兴等地。湖石为石灰岩，色以青黑、青石、青灰为主，也有淡红色，质地细腻。被水和二氧化碳溶蚀，表面产生很多褶皱、涡洞，宛如天然抽象的图案一般，以具备"瘦、透、漏、皱"特征的为上品。湖石叠山的造型特征：因石导势，山体轮廓线清晰、流畅、自然，纹理通顺，石色统一，镶石勾缝细腻且尽量隐蔽，凹、凸、悬突质感明显，远近层次富于变化。则为叠山的成功作品（图4-1）。

图4-1　太湖石假山

二、黄石假山

黄石假山主材为细砂岩，其石色为灰黄或浅黄，且有一定的差异性，产地为苏、锡、常一带，统称为黄石。黄石的材质较硬，因长期受到自然的风化及雨水的冲刷，呈现出许多不规则的多面体，以石面轮廓分明、锋芒毕露为佳。此类假山棱角分明，纹理古拙，显现出自然的质感。造型特征：叠山横平竖直、层次交叉引退、山形起伏自然（图4-2）。苏州园林至今保存最为完整，且体量最大的黄石假山首推耦园。

图4-2 黄石假山

三、现代叠山的新发展

如今，在主题公园、湿地公园及房地产等景观工程中，因受到安全性的要求、石材货源的供应和工程造价控制等因素影响，也较多地运用野山石、水刷石、千层石，甚至毛料花岗石来堆石叠山，只要遵循基本的叠山技法融会贯通、举一反三，也能堆筑出赏心悦目的作品来。

1. 野山石

野山石是一种外露且经过漫长的自然侵蚀、风化后较为毛糙的石块。其体量有大有小，小则数百斤，大则数十吨。野山石适用在人工涧溪、小品点石等景观工程中（图 4-3）。

图4-3 野山石

2. 塑假山

塑假山亦称塑石，用水泥、钢筋等现代材料制成的仿石假山。可以分为仿黄石假山及仿湖石假山两大类：前者用自然黄石为蓝本，做模，然后用钢筋、混凝土作空的仿黄石块体，经脱模后再在表面作色泽处理，最终达到逼真的黄石效果（图4-4）。仿湖石做法则先支骨架，做钢筋、钢丝网层，然后用水泥、砂浆粉刷或浇注混凝土，使之形成面层，最终修饰形成湖石状假山。

图4-4　塑假山

3. 花岗石

花岗石原料适合堆叠黄石风格的假山，其区别于黄石的法则，主要是材料质感不同（图4-5）。

图4-5　花岗石

4. 千层石

千层石为大型页岩，该类石材近期应用于假山工程，较之传统假山，安全系数较高，适用于现代开放式景观，如市民公园，城市景观等，是具有时代特征的景观工程（图4-6）。

图4-6　千层石

5. 水刷石

水刷石材质与野山石相似，产自山溪河川，经水流多年冲刷，表面呈圆形，外观光滑。用于追求自然野趣的景观效果（图4-7）。

图4-7　水刷石

第二节　叠山的理念

著名园艺家汪星伯在其《假山》一文中就提出了"十要"、"二宜"、"四不可"、"六忌"等叠山理论。

一、"十要"

1. 要有宾主

在一个园林中，只能有一个主山作为骨干，其余部分的体积和高度决不能超过主山。在一座山的本身只能有一个主峰，其他的峰也不能超过主峰，高低大小都不能一律，也不能对称。

2. 要有层次

层次有二，一是前后层次，用来表现深远；二是上下层次，用来表现高峻。群山要有层次，一山的本身也要有层次，体积和范围越大，层次越多，树立一块以上的峰石也是一样。

3. 要有起伏

一座山从山麓到山顶，绝不是直线上升，而是波浪式的由低而高、由高而低，这是本身的小起伏。山与山之间，有宾有主、有支有脉，这是全局的大起伏。

4. 要有曲折

起脚必须弯环曲折，有山回路转之势，以便处处设景，又须与层次起伏相结合，才能具有不同的丘壑。

5. 要有凹凸

凹凸主要适用于石山。凡叠山，不论岗峦、岩洞、溪涧、池岸，都必须有凹有凸，才能显出突兀之势，但要避免规则化，以致失去自然之趣。

6. 要有呼应

堂前堂后，池北池南，或左或右，或大或小，此呼彼应，布置随宜。

7. 要有疏密

疏密，就是集中与分散，在一个园林中，不论是群山或是小景，应该有疏有密，过于集中或过于分散都不适当。

8. 要有轻重

叠山用石，须有适当的数量，过多则臃肿不灵，显得笨重；过少则单薄寡味，又嫌太轻，此外轻与重之间还须相互调协，不宜过于悬殊。

9. 要有虚实

四面环山，中有余地，则四山为实，中地为虚。重山之间必有层次，层次之间必有距离，则山体为实，距离为虚。一山之中有岗峦洞壑，则岗峦为实，洞壑为虚。靠壁为山，以壁为纸，以石为绘，则有石处为实，无石处为虚。局境不论大小，必须虚实互用，方为得体。

10. 要有顾盼

顾盼有二义，一是宾主之间、峰峦的向背俯仰，必须互相照应，气脉相通；二是层次之间，必须彼此让避，前不掩后，高不掩低。

二、"二宜"

（1）造型宜有朴素自然之趣，不宜矫揉造作，故意弄巧，如叠成"十二生肖"、"虎豹狮象"、"骆驼峰""牛吃蟹"等，未免流于恶俗，失去创造风景的本意。

（2）手法宜简洁明了，不宜过于繁琐或拖泥带水，交代不清。要做好这一点在于事先的充分考虑和熟练的技术经验。

三、"四不可"

（1）石不可杂

石的品种众多，色泽纹理各具特征，如湖石与黄石，就截然不同，从堆叠手法上也不可能一样。湖石玲珑宛转，以瘦皱透漏为美，所以在堆叠方法上，必须用色泽相近、形态相类、脉络孔眼可以相通的石块，拼缀成一个整体，要求能够天衣无缝、生动自然。黄石纹理古拙，以苍老端庄为美，所以在堆叠方法上，必须注意两种纹和两个面，即横纹和直纹、平面和立面。凡平面以横纹为主，凡立面以直纹为主，交错使用、棱角分明。湖石体近乎圆，黄石体则近乎方。一圆一方绝不相同，因此两种石质绝不可混杂使用。这里，虽然仅指湖石与黄石两种，亦可适用于其他石类。凡性质不同的，都不可以混杂使用，以免降低艺术趣味，影响风格。

（2）纹不可乱

同一品种的石纹，有粗细横纹、疏密阴显的不同，必须取相同或近似之纹放在一处，使其互相协调，当顺则顺，当逆则逆，要与石性相一致，不可颠倒杂乱。

（3）块不可匀

叠石时选择的石块必须有大有小，有高有低，交错使用，方显生动自然，不可匀称，以免呆板。

（4）缝不可多

石以大块为主，小块为辅，大块多则缝少，小块多则缝多。手法务求简练，简练则刹垫石片少，石片少则缝亦少。

四、"六忌"

1. 忌如香炉蜡烛

忌三峰并列在一条线上，中间低两边高，形同案面前的香炉蜡烛。

2. 忌如笔架花瓶

忌一峰居中直立，左右排列两峰，形同笔架，上小下大，颈细腹粗，形同花瓶。

3. 忌如刀山剑树

忌排列成行，形如锯齿，顶尖缝直，谓之刀山剑树。

4. 忌如铜墙铁壁

忌缝多口平，满拓灰浆，呆板无味，寸草不生，如铜墙铁壁般。

5. 忌如城廓堡垒

忌顽石一堆，整齐划一，既无曲折，又少层次，形似城廓堡垒。

6. 忌如鼠穴蚁蛭

忌叠床架屋，奇形怪状，大洞小眼，百孔千疮，谓之鼠穴蚁蛭。

五、工艺流程及技法

叠山是将真山中的某些特点、景象通过提炼、加工，创造出新的景观艺术的过程，受环境空间、块石重量的局限，不可能像画家一样群山万壑、尽情挥洒。如何在叠山过程中做到"十要"、"二宜"，避免"四不可"、"六忌"，必须对叠山的工艺流程、施工技法有充分的了解。

在2001年国家颁布的《假山工》一书中，已经系统地对叠山的种类、布置、造型模式、选材、堆叠技法、施工步骤、操作要点以及艺术要求做出了详尽的规范。

1. 主要工艺流程

（1）选石

选石是叠山施工的第一步，也是最关键的环节。其石材的准确选用，直接影响假山的质感和成型艺术效果，准确地选石能够保证假山的质感和成型艺术效果，其要点是必须充分考虑符合所叠假山在设计、风格、造型、功能、结构、耐压承重、特殊造型及部位对山石、纹、色等多方面的要求。

（2）相石

相石是指叠山前对现场的山石按山体、部位、造型的不同要求进行初步筛选的方式，即叠山安装选石。

（3）基点石定位

基石的堆放应注重用石灵活、组合找平、石面造型朝向、断续合适、并靠紧密、搭接稳固和足以承压等要领。

（4）分层堆叠

组合假山是由多层次组成，逐步堆筑造型而成的层次是表现整体造型艺术效果的主要环节，同时还起着叠压、咬合、穿拉、配重、平稳等结构功能。

（5）收顶

组合假山或拼峰施工时把叠置造型的最上面部位的山石称为收顶，江南的叠山艺匠称为"结顶"。

（6）镶石拼补

镶石拼补是叠山细部艺术加工的重要环节，起到保护垫石、连接、勾通山石之间纹脉的作用。镶石的一般要求是选石宜大则大，用一不二，色泽一致，纹理吻合，脉络相通，连接自然，宛如一石。

（7）胶粘、着色、勾缝

胶粘、着色、勾缝，总的标准是密实、平伏、饱满、收头完整，适当留出自然缝，切忌满勾。以湖石为例，勾缝材料与山石衔接自然，顺沿拼石的轮廓曲线走向，接缝细腻，缝边缘与山石自然过渡衔接。黄石则要求平伏，不高浮于石面，显出石缝，转角忌圆，横缝满勾，勾抹材料隐藏于缝内，多留竖缝，根据石色适当掺色。

2. 叠山技法

"安、连、接、斗、拼、挎、悬、剑、卡、垂、挑、叠、竖、垫、压、钩、挂、撑、置、组、飘"等。

安——安石具有架空的含义，突出"巧"和"形"，在堆叠山洞口、水口、拼缝、结顶、石景小品、大型水石盆景时运用。

连——山石之间水品方向的衔接称为"连"。"连"应符合叠山纹理、结构、层次的规律，达到连接自然、错落有致的效果。

接——山石之间的竖间衔接称为"接"。

斗——模仿自然岩石经水冲蚀成洞穴的一种造型，构成一种呈对顶架空状的造型。此种做法，并不多见。

拼——把两块或更多数量的山石，按照假山不同的组合造型要求，拼成有整体感的一块或一组假山，在叠石掇山中应用最广。"拼"石要注重区分主次以及山石的纹理、色泽相同，脉络贯通，轮廓吻合，连接面之间的平伏与转势过渡自然。

挎——用于弥补山石某一侧面平滞或形态缺陷的一种做法。

悬——是叠仿自然溶洞的假山洞，是发拱、结顶、收头时常用的做法。

剑——山石竖长，直立如剑的做法为"剑"。

卡——在两块山石空隙间卡住一悬空石。

垂——从一块山石顶偏侧部位的楔口处，选另一块纹理相同的山石倒垂下来的做法称为"垂"。"垂"石一般体量不大，不宜在大型假山中用巨石作"垂"。

挑——有横、竖挑之分。"挑"宜逐层进行方显自然，挑石每层出挑的长度约为山石的1/3为适宜。感观和功能上达到其状可骇，却万无一失。

叠——指用横石拼叠、压叠，是传统叠组合假山最稳妥和最常用的办法。

竖——指叠石壁、石洞、石峰等所用直立或拼接之技法。

垫——核心作用是对山石的固定。

压——"压"与"挑"相对应，相辅相成。

钩——目前叠山用于变换山石造型角度和方向所采取的一种局部修饰。

挂——石倒悬则为"挂"，与前例"悬"相同。

撑——"撑"也称"戗"，是指用斜撑的支力来稳固山石的一种做法。撑石在外观上应与山体的脉络相连，形成一体。

　　置——意指布置山石。

　　组——组石取自天然石，组合变化丰富，要求体现相同色泽、相同纹理，叠山的手法和风格一致。

　　飘——多适用于湖石类风格假山中小品的堆叠，或石与石之间的镶石或搭接。做"飘"所用石块体量一般较小，以细、薄、弯、长特征为首选。"飘"最主要优点是能够按照创作造型的构思对拼叠组合假山的外形轮廓、洞形、石纹、石脉、石筋等进行补缺和艺术完善，具有留空、留白随意和山体轻、透、飘逸的特点（图4-8）。

图4-8　叠山技法

第三节　技法与现代实践相结合

　　以上关于假山的鉴赏标准和堆筑方法大都基于山水画的绘画理论，原则性较强，缺乏实际经验，有法无式，略显空洞。因为创作山水画是用线条和色彩在纸上表现出来的，而堆筑假山则是用土石等实物在有限的空间创造丘壑，一个是平面，一个是立体，在意境上虽然相同，但在技术上是截然不同的。众所周知，自然山岳的景致会随观赏角度的不同而发生变化，所谓"横看成岭侧成峰"。在有限的空间内逼真地表现出这种既变化多端又赏心悦目的神韵正是假山的精髓所在，而纯粹用文字、图画，则很难面面俱到地表述清楚。所以，仅仅掌握叠山理论知识是远远不够的，更须亲历亲为，多多实践，并在此过程中勤动脑、善总结，把理论知识融会贯通于实践之中，才能够扎实地掌握好堆筑假山的技艺。那么，在实际叠山过程中应该注重哪些关键点，如何才能由简入繁、循序渐进地提高假山堆筑技艺，在不同的环境和空间堆出不同造型的假山？以下有些成熟的经验值得参考。

一、把握好现场空间与设计要求的关系

　　受假山山石形态各异且不可随意雕琢特性的影响，假山的设计图纸不可能像建筑一样标注精确的三维尺寸和精细的造型形态，有些只用寥寥数笔甚至用几条曲线来表示大致的方位和标高。所以，在动手堆筑假山前必须对设计意境充分理解，明了假山与构筑物、植物之间主次、轻重的配置关系，特别是空间感的把握更要适合场地环境的需要，这非常重要。假山施工的艺术性和不能随意处置的特殊性决定了造型必须一次性完成，如果空间感把握不当，体量偏大或偏小，高度偏低或偏高，想要调整好几乎没有

可能，因为假山造型由基石、分层堆叠、收顶组成，强行调整，必然使三者之间的比例失衡，越改越糟。

二、应用模型指导施工

如条件允许，可以制作微型模型，制作时侧重点在场地环境、空间分布上，要能够直观地展现假山的体量和布局，并将方案或构思与业主、设计人员充分沟通交流，达成共识。待认可后就能有针对性地挑选山石，选石也要充分考虑山体的体量，一般而言大型假山宜选用块面大的山石（一吨至数吨均可）追求假山的气势与自然韵味，避免琐碎凌乱；室内山、楼山、水池驳岸、小品、花坛等宜选用重量150～250kg（300～500斤），外形轻、透、秀的山石来追求假山曲折蜿蜒、步移景异的境界。

三、从小处着手逐步提高技艺

方案确定、选石进场是假山艺术创作不可或缺的关键环节，而最终景观效果的优劣完全取决于现场主持操作者的创造灵感和经验技术。假山技艺的提高可以从树立独峰、布置小品入手，熟悉掌握如捆石吊装、山石估重、重心线估测，山体余脉的布置等基本的叠山技术。第二阶段可以堆筑花坛、水池驳岸、壁山等小型山。掌握山石纹理的和顺，山势走向的合理，山体造型的高低曲折变化的叠山技巧；了解不同山石假山的特性，深谙"湖石纹难理，黄石顶难收"的精髓；掌握与建筑、水池、园路、植物之间自然过渡的处理方法。第三阶段可以堆筑拼峰、理水、游览假山等大型假山，充分利用地形地貌全方位多角度的创作趣意盎然、引人入胜的山水景观。

1. 竖立独峰、布置小品

独峰：自然形状奇特、完整的独块造型石，树立在色泽、纹理一致的基座上独立成景。独峰一般体量较大，以太湖石居多，叠山技术相对简单，但须较高的吊装技艺。首先，必须掌握常用的绳扣（平结、蚊子结、单环结、反套结、活结、小艇结、雌雄结、圆瓶结、穿套结、绞卡结）扣法，以及钢丝绳的叉接和卡件连接方法。凭经验估测峰石的重心线后捆扎，一般而言湖石峰小头朝下安放，宜采用油瓶扣捆扎，绳扣扣在重心线上部，采用机械或半机械方式起吊，峰石离地后如果发现重心线不垂直，可调校绳扣位置，调整到位后安放在基座上，刹垫固定。确保峰石垂直重心不偏移是立峰的关键环节，歪斜的峰石不仅影响稳定性，存在安全隐患，景观效果上也会失去其特有的"精、气、神"，而大打折扣（图4-9）。

图4-9　独峰

　　小品布置：数块大小不等的山石或配以石笋组成的框景、点缀，是假山最基本的组合形式。讲究疏密相间、高低变化、轻巧灵活、构图平衡，忌呆板臃肿。将山石半隐土中仿自然山岳的余脉特征，是常用手法（图4-10）。

图4-10　小品布置

2. 花坛、水池驳岸、壁山

花坛视体量而定，但一定要高低起伏，曲折自然，大型花坛可适当点放峰石（图4-11）。

图4-11　花坛

　　水池驳岸利用山石的自然形态，在水陆之间、大小之间形成自然的过度，驳岸造型应掌握形面简洁，疏密有致，收顶平缓，层次分明等基本要领。暗洞的布置必不可少，使水体有源头。游人活动区域可适当布置临水平台石、汀步石，增加游览观赏的情趣。切忌机械性地沿水池绕一圈（图4-12）。

图4-12　水池驳岸1

　　壁山即以墙为背景叠置的石山，是园林叠石造景的传统做法之一。壁山通常占空间不多，常与花台、植物等结合组成园景小品。现代壁山多设置滴水或瀑布，增添动感与自然意境（图4-13）。

（a）

图4-13　水池驳岸2（一）

（b）

图4-13 水池驳岸2（二）

　　总之此类假山体量不算大，应该注重纹理和顺，造型符合观赏情趣，即和谐的自然美；高与低、大与小、疏与密、隐与显的对比运用恰到好处，让人赏心悦目；与建筑、水池、园路、植物之间的衔接处理完善；预留种植穴，用植物的"虚"来衬托山石的"实"，必要时还能遮挡造型缺陷。

　　3. 拼峰及大型假山

　　（1）拼峰

　　由自然山石拼叠而成，是叠山中较为复杂的一种布石形式，堆筑时不仅要保证结构安全，造型还须满足全方位观赏要求。而每块自然山石有多个面，各面之间的纹理存在很大的差异，如果只注重正立面的效果，那么侧面纹理很可能杂乱无章，只有发挥空间想象力"因石制宜"、巧妙地穿插引退，才能创作出浑然一体的拼峰（图4-14）。

图4-14 拼峰

113

（2）大型假山

游人能身临其境地游赏假山。此类假山不仅指堆山用石数量庞大，更包含假山展示的内容要达到变化多端、小中见大、移步换景、做假成真的艺术效果。堆筑时应该将峭壁、峰峦、洞壑、洞谷、平台、磴道等山中之物，在有限的空间内巧妙组合，并将这种在意料之外又在情理之中的构思表现出来，如山间小道，可多设折弯，看似山穷水尽无路可行，临近却柳暗花明，独辟蹊径；两壁夹峙巧留一线天，产生高峻幽深的峡谷气势；山洞处理要曲折多变，洞中设洞、设室、设窗，洞顶高低差落，偶尔垂挂"钟乳石"增添情趣；临水设悬崖，近路设涧溪，池中设小岛，便可山峻水秀，阴阳协调。种种手法不胜枚举，说到底是"师法自然"，通过提炼加工，然后再现自然的过程。所谓"稍动天机，全叨人力"（图4-15）。

图4-15　假山

假山运用领域广泛，造景手段灵活，每件作品都是亲力亲为的艺术创作过程，既是体力劳动又是脑力劳动。其作品的不可复制性决定了没有一成不变的固定模式，只有不断创新探索，逐步积累实践经验和艺术修养才是提升技艺的必由之路。

第五章 油 漆

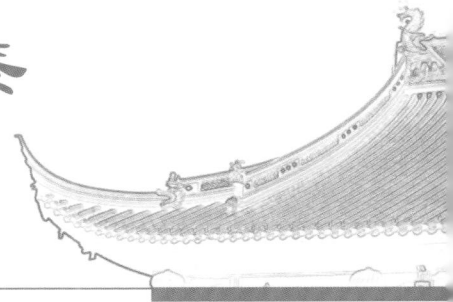

CHAPTER 5

　　油漆工程主要作用是装饰和防腐。这里主要介绍的是传统的
材料、传统的施工工艺及传统的制作方法。

第一节　油漆工简介

一、木材面油漆

（一）广漆

1. 生漆

生漆，又称国漆、大漆，是从漆树上收集得来的乳白色黏性液体。优点，具有良好的耐磨性和附着力，漆膜坚硬，耐磨性好，耐酸、耐碱、抗潮、耐水；缺点，对漆膜干燥条件要求较高，不耐紫外线长期照射、黏度高、不易施工，同时生漆有毒性，易使人体皮肤过敏。生漆的好坏有歌曰："好漆似清油，明镜照人头，摇动起虎皮，挑起钓鱼钩。"不论何地、何种生漆，它的优良劣次，大都不出以上歌诀所述，因此可供鉴别时参考。

注意事项：生漆不能用铁罐存放，否则漆液容易发黑，影响漆的质量。生漆的有效期大约为一年，否则容易变质，难以干燥，也影响漆的质量。采购生漆时，一般来说是先打样，后采购，根据生漆的好坏而确定价格。

2. 坯油

坯油是用纯桐油不加任何催干剂熬炼而成。

坯油的传统熬炼法：准备大铁锅1只、300℃温度表1只、灶头1只、大铜勺1只、冷坯油1桶，还要准备灭火器、黄沙等灭火器材。

熬炼坯油时，将生桐油倒入锅内容量的70%左右。熬炼坯油时要注意购入的桐油质量，一般来说精炼桐油质量较好，温度可熬至260℃左右，而足度桐油杂质较多，温度可熬至240℃～260℃左右，起锅。特别要注意的是，桐油掺假的情况比较普遍，若锅底水分较多时，熬炼容易出危险。如果水分较多，在熬炼的过程中，应该时刻观察锅内的情况。若看见白泡沫变多，应及时减小火候，用铜勺不停搅拌锅内桐油，使水分及时排出；若泡沫涨锅溢出，锅面容易发生火灾。待泡沫消失后要不停搅拌，锅内桐油温度至240℃，应减小火候；冒青烟到260℃就可以出锅。传统方法将熟坯油倒入冷却锅中，随后不停反复扬烟透气，出烟越彻底调配的广漆就越光明、清亮，质量也就越好。

在熬炼坯油时，最好先试小样，主要是测定桐油上胶的温度。

3. 配制广漆

生漆加入坯油后，经调和即成广漆。坯油的加入量应该根据生漆的质量和气候条件而定。广漆的最佳干燥条件是温度26℃、相对湿度为80%，常规配比为1∶1。广漆施工一般要看气候条件刷广漆，最好是今晚下雨，明日晴天上漆，此为最佳。

4. 掌握广漆的干燥时间

配制好的广漆，它的干燥时间一定要由油漆工视气候条件来控制，才能达到施工的要求。一般上漆后要求在10～20min还可以刷理，5～6h手触不粘，12～24h漆膜基本干燥，一星期内完全干燥。

广漆干燥过快，会造成油漆工手感很紧，漆膜面粗糙，刷痕明显，影响光亮和美观。这种情况发生油漆工应加适量坯油。

广漆干燥过慢，涂刷12h候还未干结成膜，漆膜将自重而流坠，造成较难修补的缺陷，或容易被灰尘污染而造成此严重影响光洁度和美观。此时，应加入适量的质量较好的生漆，或暂不施工，待合适的时间再进行施工。涂刷生漆还应该知道不能在太阳光直接照射的地方施工，否则会返粘，造成无法修补的缺陷。

5. 配广漆色漆

广漆上色，传统上色是用生猪血，经捣碎，用柴帚捞去血筋加入适量的轻质铁红和铁黑，过120目筛即可。现代做法，将广漆和稀释剂加石性颜料（如轻质铁红、轻质铁黄、铁黑），经120目细筛即成色漆。罩光漆加适量银硃，不加稀释剂。

6. 木材面广漆的施工工序

清灰→撕缝→刷底漆→打磨→捉嵌腻子→打磨→满批腻子→打磨→刷色漆→打磨→刷广漆。

清灰就是将需要刷漆的木材表面清理干净，将粘在木材面上的砂浆、涂料等铲除干净，经粗砂皮打磨，掸干净浮灰。撕缝，就是将木材面的裂缝用铲刀铲成V形槽，目的是使V形槽腻子容易嵌实，如果不嵌实，时间一长，木缝就容易显露出来，影响木材的质量。刷底漆，将配制的广漆（最好生漆的成分多一点）加松香水稀释，加入适量颜色，用油漆刷通刷一遍。主要作用是吊木材毛刺，易于打磨，木材面不露白。捉嵌腻子，就是用广漆、石膏腻子捉嵌木缝，较粗、节疤等缺损较大的木材面。满批腻子，可用广漆、石膏老粉腻子，经打磨后批一度广漆成分较重的腻子，主要作用是提高面漆的光洁度。刷色漆，就是刷色漆或血料。

在这里需要说明的是，刷广漆只能刷一遍，定额上说刷广漆两遍、三遍、四遍，指的只是工序。

应先打样，涂刷广漆。因为广漆比较稠，涂刷用的工具是专用的漆扇。一般有猪鬃扇和牛尾巴毛两种。猪鬃扇大部分用于大面积开漆理漆，因为猪棕扇较硬，故开漆、理漆比较省力，而牛尾巴毛漆扇则用于其他受漆面的开漆和理漆之用。开漆一般是顺木纹开，后横一遍，再45°斜二遍，最后顺木纹方向理匀。

7. 木材面广漆施工常见的质量问题

（1）起泡

1）木材含水率较高；

2）腻子调配不佳或用老腻子；

3）浮灰没有处理干净。

（2）漆膜不干

1）生漆质量较差；

2）坯油熬炼太嫩；

3）上漆时气候条件太差。

（3）广漆漆膜起皱

1）漆膜太厚；

2）涂刷不均匀，没理透；

3）未打样板；

4）易存漆部位没有理干净。

（4）广漆产生流挂

1）理漆不透彻，涂刷不均匀，应注意容易流挂的施工部位，垂直的线脚和花板余漆未收尽；

2）漆液涂层太厚，受重力影响而流淌，涂刷不均匀；

3）生漆难干，油头足，掺入过多稀释剂；

4）施工期间气候条件较差；

（5）广漆出现龟裂纹

1）生漆含水率高；

2）气候过分潮湿；

3）漆膜涂层太厚，刷理不到位；

（6）广漆产生刷痕

1）广漆黏度太高，流淌性较差；

2）广漆配比有问题，应适量加坯油。

（二）推光漆

（1）推光漆是指用生漆经过加工而成的透明推光漆、半透明推光漆和黑色推光漆。定额上一般采用黑色推光漆，用于将军门、柱头、横匾、招牌等。其具有漆膜光亮、丰满、保光性和耐水性好，干燥快等优点，适用于较高级的物件上。

精制的黑色推光漆可以选用色深、质浓、燥性好的生漆做原料，将生漆倒入晒漆盘内，在30℃以上的环境中置于阳光下暴晒，并不断用竹片搅拌、翻动，数日后，其色如酱色，便可加入3%～5%的氢氧化铁，搅拌均匀后，即成黑色推光漆。

（2）推光漆基层处理工序

推光漆基层处理工序：嵌批腻子→打磨→上夏布→夏布上批灰→打磨→贴棉筋纸→批腻子→打磨→直至底板平整，表面细腻。

（3）刷涂退光漆磨退工序

刷涂退光漆磨退工序：涂生漆一遍→打磨→批腻子→水磨→上色→涂刷推光漆一遍→水磨→涂刷第二遍推光漆→水磨退光→上蜡及抛光。

注：涂刷生漆、推光漆最好在窨房里施工，温度控制在26℃～30℃，相对湿度控制在70%～85%。

（三）调和漆

1. 调和漆分磁性调和漆和油性调和漆

调和漆是油漆工使用的最广泛的品种，是一种由调制得到的不透明的明漆。但早期的油漆工人都习惯于自行调配，故仍沿用"调和漆"这一个名字。它是用干性油加入颜料、溶剂、催干剂等调制而成的。如果调和漆中含有树脂，叫做磁性调和漆。但一般限于树脂与油量之比在1:2以下，如果树脂用量超过此比例，习惯上则列入磁漆类。不含树脂的叫做油性调和漆。

油性调和漆价格便宜，有很好的附着力，漆膜有较高的弹性和耐气候性，但干燥缓慢，漆膜的光泽较差，适用于室内外建筑物、门、窗，以及室外铁、木器材之用。

磁性调和漆比油性调和漆干燥快，光泽和硬度也比油性调和漆要好，但容易退光、开裂和粉化，只适用于涂装室外木器及构件。

2. 调和漆的施工工序

清灰→打磨→刷清油→嵌批腻子→打磨→满批腻子→打磨→一遍调和漆。

3. 调和漆的刷漆方法

刷漆质量的好坏，主要取决于操作者的实际经验和熟练程度。同时，还要根据各种工艺所用材料性能的不同，采用相应而合理的刷涂方法。

刷漆之前，必须将油漆搅拌均匀，并调到适当的黏度，一般在40～100s范围内最为适宜。

刷漆操作是将毛刷蘸少许油漆，然后自上而下，自左至右，先里后外，先难后易，先斜后直，纵横涂刷。最后用毛刷轻轻修饰边缘棱角，使油漆在物面上形成一层薄而均匀、光亮平滑的漆膜。刷漆操作的要求是不流、不挂、不皱、不漏、不露刷痕。

4. 刷漆通常分为开油、横油、竖油、理油等四个步骤

（1）开油

将漆刷蘸上油漆到涂刷面上。开油时用力适中，由开油段的上半部向上走刷，耗用油刷背面的涂料（油漆）。油刷走到头后再由上向下走刷，耗掉油刷正面的涂料（油漆）。开油时各刷之间要留有一定的间

隙，间隙大小要依摊油的多少和基层状况而定，一般物面可留5～6cm的间隙。不吃油的物面可留三个刷面宽的间隙，吃油的物面可不留间隙。在平面上开油，不要将油漆一下子都摊到物面上，以免油漆沿边缘流坠。物面的边缘，可用开油时多余的油在理油时完成。

（2）横油

涂上油漆后，漆刷不再蘸油漆，可将直条的油漆向横向斜的方向用力拉开刷匀。

（3）竖油

顺着木纹进行竖刷，以刷除接痕。

（4）理油

待大面积刷匀、刷齐后，将漆刷上的余漆在漆桶边上刮干净，用漆刷的毛尖轻轻地在漆面上顺木纹理顺，并刷边缘棱角上的流漆。为了使涂膜厚薄均匀，在理油时走刷要平衡，用力要均匀，每刷一遍快要结束时，要在走刷的同时逐渐将刷子抬起，留下荐口。在木面上应顺着木纹理油，垂直面应该由上而下理油，水平面应该顺光线照射的方向理油。油刷走油时切忌中途落刷子，以免留下刷痕。

（四）聚氨酯漆类

（1）聚氨酯漆具有干燥快，耐水，附着力强，漆膜硬，耐磨、耐化学腐蚀，应用范围很广，可以做建筑上的表面装饰罩光，木质、水泥、金属面的高级涂装。有清漆、底漆和色漆。

（2）丙烯酸、聚氨酯漆类的涂刷方法

聚氨酯漆固体含量高、黏度低、流平性好，适于刷涂。刷具用排笔及底纹笔。应顺木纹方向涂刷，可适当来回多刷，还可以横刷。另外，在刷第一遍漆时，应该注意掌握各道涂层的干燥时间。一般常温情况下，30min后即可刷第二遍。同时，不能在风大的地方涂刷，以免出现气泡、针孔、皱皮等现象。刷涂这两种漆时，前后两遍涂层的间隔时间不能过长，否则漆膜坚硬不易打磨，而且涂层之间的结合力会变差，甚至出现分层、脱皮的现象。

二、混凝土表面的油漆

（一）混凝土基层处理

混凝土基层为碱性，含水量大，由基层内部析出的水呈碱性，将其面层皂化，容易引起涂层脱壳。采用中和处理，可以去除碱性，但方法比较麻烦，一般施工中不常采用。近年来，部分施工单位对水泥基层采用底面漆配套施工的方法，效果较好。一般有两种方法：

（1）采用双组份聚氨酯清漆，加15%～20%的稀释剂，稀释成操油（可少加50%的固化剂），用排笔或刷扫涂刷混凝土表面，待干后即可批所使用涂料的配套用腻子。一般来说，使用稀释后的环氧树脂也可以。

（2）可以采用有机硅防水剂对混凝土表面和水泥浆表面进行处理，方法是将有机硅、防水剂均匀地在水泥基层涂刷一遍，使其产生化学反应，逐步交联成不溶于水的大分子，从而防止水泥砂浆中的水分及其污染物对图层破坏作用，提高饰面的耐久性。

（二）混凝土所用的漆、涂料

1. 广漆

基层处理后，饰面广漆和木材广漆做法相同，可参照木材面广漆做法。

2. 聚氨酯漆

聚氨酯漆也可参照木材面的做法。

3. 聚乙烯醇水玻璃内墙涂料

聚乙烯醇水玻璃内墙涂料系以聚乙烯醇树脂水溶液剂水玻璃为基料，加入一定数量的填料、颜料和助剂，经混合研磨、分散而成的一种水溶性涂料。颜色鲜艳多样，刷、滚、喷施工均可，可用作内墙耐擦洗的装饰性涂料。

4. 合成树脂乳液内墙涂料

合成树脂乳液内墙涂料是以合成树脂乳液为胶粘剂的内墙建筑涂料。用水稀释，不含有机溶剂，安全、无毒、无味，不燃，附着力较好，并有一定的耐水、耐碱作用，根据各种使用要求的不同，产品种类很多，并可供选择，其中以丙烯酸乳液含量高的涂料质量较好。技术上要求易于施工，在自然环境条件下能干燥，固化，涂层间隔时间一般情况下为 6 小时，且应大于 24 小时。

5. 合成树脂乳液外墙涂料

其外墙涂料的性能与内墙涂料基本相同。但由于使用在外墙上，其耐水性、耐候性、抗辐射性能（抗老化性）、耐污染等都应提高，所以在树脂含量上、助剂的选择上都有所调整和改变。因此，内、外墙涂料应分别选择使用，不能互相代替。

6. 溶剂型外墙涂料

溶剂型外墙涂料是指以高分子合成树脂为基料，有机溶剂为稀释剂，加入一定量的颜料、填料及各种助剂配制而成的，施涂后能形成表面平整的薄涂型的适用于建筑物和构筑物外表面的挥发性溶剂型涂料，该涂料涂膜紧密性较好，通常具有较好的硬度和光泽，耐水性、耐候性、耐酸碱性、耐污染性能好，特别是近年发展起来的溶剂型丙烯酸酯外墙涂料，不但有突出的装饰性、耐候性，更具有 10 年以上的耐用性，施工周期短，且可在较低温度下（最低可达 -20℃）由于疏水性强，透气性差故要求基层含水率应低于 6%（2 小时表干）。

7. 溶剂型厚质地面涂料

溶剂型厚质地面涂料是指有环氧树脂、聚氨酯、不饱和聚酯等合成树脂为基料，加入一定量的颜色、填料、助剂等组成的厚质地面涂料，适用于以刮涂方法进行的施工，形成的地面涂层涂膜性能良好，具有良好的耐磨性、耐水、耐油、耐化学腐蚀，并具有良好的弹性，脚感舒适，可涂刷各种图案，装饰性能良好，是近年发展起来的一种室内地面装饰材料，缺点是施工操作较为复杂。

8. 外墙弹性涂料

外墙弹性涂料是由合成树脂乳液加入一定量颜料、填料、助剂等制备而成的多层或单层，具有一定弹性和防水功能的，并适用于混凝土、砌块、砖墙面以及水泥砂浆、聚合物水泥砂浆基底的外墙装饰涂料，具有较强的附着力、遮盖力、耐水性，即使基层不平仍然可以得到较好的质感等特点，抗裂性能显著。

9. 健康型建筑内墙涂料

健康型建筑内墙涂料是指由成膜物质，颜、填料和各种助剂通过有机地结合、配制而成的，在施工及使用阶段挥发的有机化合物，空气残留浓度、生物毒性指数均低于国家室内环境标准的建筑内墙涂料。这种涂料利于环境保护和人体健康，是国家正在大力提倡、发展的具有低毒、低污染等突出特点的新型涂料。

10. 防水涂料

防水涂料是在常温下呈固定形状的黏稠状液体高分子合成材料，经涂刷后，通过溶剂的挥发或水分的蒸发或反应固化后在基层表面可形成坚韧的防水膜的材料的总称，目前的种类较多，本书中不再叙述。

11. 防火涂料

防火涂料是指能够有效地降低被涂底材可燃性的一类建筑功能涂料，是以难燃或受热膨胀后形成隔热层高分子合成树脂为基料，辅以填料、颜料及一定量阻燃剂等阻燃混合而成的涂装材料。施工简便，特别适用于建筑物及构筑物的钢结构表面及其他有效较高防火要求的物体表面。

（三）乳胶漆的涂刷方法

乳胶漆是一种水溶性涂料，是用水作分散剂，依靠水分在常温下挥发后干结成膜的。涂刷前应先将乳胶漆充分搅匀，根据施工情况加水稀释到适当黏度，加水量应控制在漆重的10%～15%，不宜超过20%。涂刷乳胶漆可用大漆刷或羊毛排笔，每道厚度不宜超过0.04cm。第一遍刷涂后经过2h的干燥，就可刷第二遍。乳胶漆干燥较快，为了避免出现接头痕迹，每个刷面均应一次完成。大面积刷涂时，应由多人配合，从一头开始，流水作业，互相衔接。

三、金属面油漆

（一）金属基层的处理

铸铁、锻铁、软钢到高强度钢和不锈钢都属于黑色金属，黑色金属表面容易被侵蚀的原因是当空气和水中含有酸、盐或含有酸、盐的尘埃时，就会产生侵蚀。黑色金属侵蚀的结果就是生锈。侵蚀是一种被叫作电解的电化学过程中产生的变化。当金属暴露在大气中时，实际就等于浸泡在电解液中，特别是在沿海区和工业区，相当于浸泡在更浓的电解液中，侵蚀程度会更加严重，这就是为什么金属在工业区和沿海区锈得更快的原因。

为了解决黑色金属表面的锈蚀问题，一种办法是将金属表面电镀上一层难以锈蚀的有色金属。另一种方法就在金属表面涂刷防锈涂料。其作用均是使金属表面与空气中侵蚀性的物质隔离开。涂料中的某些颜料如红丹、铬酸铅、锌铬黄、升华碱、硫酸钙等均具有防锈性能。有些颜料如石墨、灯黑（软质炭黑）、炭黑合成铁红及某些质次的氧化铁红等，对金属有促进锈蚀的作用。

（二）金属面除锈的方法

（1）将金属件表面的油腻、污物等用溶剂或洗涤剂清晰擦干。

（2）用铲刀铲去金属件表面的黄锈、电焊渣粒、松动起壳的氧化皮等，焊渣及铁锈用拷铲榔头敲除。

（3）用铁丝刷将其表面全部排刷一遍，所有焊缝要达到清洁光亮。

（4）用抹布等揩擦清洁，垃圾全部扫清，并用清洁干燥的压缩空气将锈灰吹净。

金属件表面经过上述手工除锈后，应达到平整光滑、表面清洁，无油腻、污物和锈灰，呈淡淡的金属光泽，即可涂防锈底漆。

（三）防锈漆的作用及防锈漆的常用品种

防锈漆又叫防锈涂料，是由成膜物质、防锈颜料、填料等构成的一种功能性涂料。

防锈漆的作用是防止金属生锈和增加涂层的附着力。金属涂刷防锈漆以后，其表面与大气隔绝，防锈漆中含有防锈剂，能使金属表面钝化，阻止外来的有害物质与金属发生化学或电化学作用。常用的防锈漆有以下几种：

1. 红丹防锈漆

这是一种用红丹与干性油混合而成的防锈底漆。该漆渗透性、润湿性好，漆膜柔韧性好，附着力强。由于红丹比重大，容易沉淀，如贮藏过久则会变厚，不易涂刷，且干燥较慢，漆膜较软。一般用于黑白铁皮打底用。

2. 铁红酚醛防锈漆

用防锈颜料和长油性酚醛或酯胶涂料调成的稠厚液体，使用时掺入10%～30%容积的松香水。它的漆膜附着力较好，且不会受面漆软化而产生咬底，供喷漆打底防锈用。

3. 铁红醇酸防锈漆

由铁丹、铅铬黄等颜料加入填充物和醇酸漆料、溶剂、催干剂调制而成。它具有良好的附着力，防锈能力强，硬度大，有弹性，耐冲击，耐硝基性强，对硝基漆和醇酸漆有较好的粘合性能。适合作为寒色金属打底防锈漆用，特别是在涂装硝基漆和氨基醇酸烘漆前，用这种防锈底漆覆底面经烘烤后性能更佳。

<h2 style="text-align:center">第二节　揩漆</h2>

揩漆（又名擦漆）是天然漆涂刷工艺中的一种传统的操作方法，揩漆的工序多，工时长，操作较为复杂，但成活后，质量比刷涂的质量高，漆膜薄而均匀，木纹清晰，光泽柔和，表面光滑细腻制品具有古朴，典雅精致的特点。揩生油常用与揩红木、紫檀木、花梨木、鸡翅木等名贵制作家具的表面，现在由于珍贵的木材资源日趋枯竭，故也常用来揩擦仿紫檀木色、仿红木色、仿花梨木色、仿柚木色等杂木家具的表面。

一、红木擦漆

红木是热带地区出产的一种优质木材，其色深红、质硬、木纹细腻。采用擦漆工艺制成的红木家具，其表面平整、光彩照人，抚摸之细腻清凉，色泽深沉，具有一种含蓄而华贵隽永之美。

1. 基层处理

对红木家具的底层处理应该精工细作，特别是木工制作必须要好，粗劣的木工做的红木家具是不能安排特级擦漆、涂饰的。先对白坯物面上的污迹、胶迹、刀痕及粗糙、高低不平等一系列木材本身的缺陷，通过底层处理加以清除与弥补，掸净尘灰。然后用 1 号木砂粗磨，再用 0 号木砂纸细磨，有时要求用砂纸包裹木块或橡皮块打磨，尽可能把物面砂磨至光滑平整，不留毛刺。砂磨时必须顺木纹方向砂磨。花板、线脚应该用剔棒包双 0 号砂纸细心打磨。

2. 满批第一遍腻子

用生漆加石膏粉、水和适量颜料调拌成类似红木颜色的腻子，用牛角刮刀满批物面。对洞缝等缺陷处要嵌批坚牢，对于花纹线脚处，应该使用旧毛刷蘸腻子满涂，并用旧毛巾揩擦干净。批完腻子后应将木器放在室内自然干燥。室内温度宜控制在 25℃左右，相对湿度宜在 80% 左右，干燥时间约 24h。

3. 打磨

第二次打磨，传统打磨用的是锉草，也就是节节草，学名叫做"木贼"。我国东北很多地方出产，用这种草泡水后，可单根打磨较复杂小面的地方，如面积较大，就用锉草手工编成草鞭来打磨，现代可用钢丝棉和高号水砂纸（600 号）以上来打磨。

4. 满批第二遍腻子

第二遍腻子的批刮方法和要求与第一遍腻子基本相似，腻子可以稍稀一点。

5. 打磨（同3.）

6. 上漆

用牛角刮刀挑蘸优质生漆，满刮于被涂物面，并用牛尾抄漆刷（又叫漆扇）刷涂均匀，再用短毛漆刷反复横竖刷理均匀。对于雕刻花纹以及线条图案可用小漆刷刷涂，也可用蚕丝蘸漆揩擦理通。上漆完毕后应将木器放在适应环境中干燥。

7. 湿磨

砂叶（又名巧叶干）在漆面上打磨，传统上的做法是用砂叶（一种树叶，叶子上带刺）打磨，用水将叶干侵水泡软，在红木表面上来回打磨，直至光滑、细腻为止。并揩抹干净（因为砂叶性较软，不易将漆膜磨穿）。现代用法是用高号水砂纸打磨（最好是用已用过的，否则容易磨穿漆膜）。

8. 擦涂面漆

此道工序一般需两人操作，一人在前面擦漆，另一人在后面揩漆。加工件较小时一人操作也行。擦漆一般都要擦3～4遍，最多的要擦6遍以上。擦漆时手法应平稳，揩得薄而均匀。开始可用丝团在上过漆的物面上滚漆，这样容易擦匀漆面，然后手须捏紧蚕丝团作直、横、斜向揩擦，最后顺木纹方向或从上到下一手接一手地揩擦理平，这样揩出来的漆层一定是薄而均匀的。蚕丝团使用到一定时间必须调换，力求被涂揩物表面无丝绒粘沾，不留余漆，使漆膜平滑平整。每遍擦生漆均后应间隔几天（约5d左右）时间，待前一遍擦生漆的色素黑垢褪掉一些后再擦下一遍生漆，每遍都应如此，以保证漆膜底色有较好的透明度。每遍生漆的厚薄应该均匀，严防过厚，厚则粗糙不洁。但也不宜太薄，薄则丰满度不够。为了使面层光洁平滑，许多老漆工在擦最后一遍生漆时还用手掌直抹、横抹、斜抹，直至漆膜完全达到均匀后再用手掌肌肉顺木纹方向抹擦发热并理顺出光（现在不必用手掌皮肉直接操作，可戴塑料薄膜手套或医用薄膜手套施工）。擦漆操作完毕后应将物件放置于阴暗潮湿处自干，如遇天气干燥，应洒水保持室内湿度，并保持25℃左右的室内温度，促使快干。

二、花梨木擦漆

因花梨木材质本身略呈浅红色或黄褐色，因此，在花梨木家具擦生漆之前，需要上底色。

1. 基层处理

同抄油复漆涂饰工艺。

2. 刷底色

做浅色时，用毛刷刷涂有色豆腐浆，要求匀净平直无刷痕。豆腐色浆干燥后，用粗糙的抹布抹净颗粒，再刷涂一遍生血（可在生血中加入一些染料），待生血干燥后再用粗糙的抹布抹擦光滑。

3. 批灰和修补

主要是批好粗木纹鬃眼及横木糙头等。生漆腻子中应加入相应的颜料调成糊状，用牛角刀批刮后入荫干燥。腻子干燥后应砂磨平滑。

4. 擦第一遍生漆

要求让木面吃饱、吃透，但又不宜过厚进而影响漆膜的匀净透明。可应用干燥性能稍慢的陈年生漆作为头遍擦生漆，然后入荫干燥。

5. 砂磨

头遍擦生漆干燥后应用0号旧纱布或300～400号旧水砂纸认真砂磨光滑。

6. 上色

在上色前应该认真进行一次复查，修补腻子，要求把第一次修补后收缩了的腻子疤和漏掉的钉子疤中心修补好。待腻子干后进行砂磨，理干净后便可进行上色。用碱性品红和碱性品绿调沸水或酒精溶解成品红水刷涂木面，待颜色干燥后用粗糙的干抹布擦光滑。

7. 擦第二遍生漆

擦涂的方法及要求均与红木擦漆工艺相同。

8. 湿磨

待第二遍擦生漆干燥后用320～400号水砂纸手工蘸水砂磨，砂磨后清除磨屑并用干布揩干。

9. 擦涂面漆

操作工艺及要求均与红木擦漆工艺相同。擦涂最后一道生漆是最关键的擦涂操作，其主要目的是使以前漆膜中留有的横、斜、直线条理直，使漆膜均匀结实。为了加强面层擦生漆的丰满度和光亮度，可在最后一遍面漆里加入10%左右的白坯油。生漆里加入少量白坯油后，容易使生漆色素黑垢褪清，显出较为透明的色彩来，这就是所谓的擦配漆。擦配漆必须用手掌皮肉直接操作抹擦，使其发热、出光。其抹擦标准是使擦配漆由谷黄色变成紫褐色，由冷漆变为热漆，由有水（或多水）漆变为无水（或少水）漆。最后，顺木纹方向收理匀净至平直光亮。如果要做亚光擦生漆工艺，可选用水分较高、基本上无光的生漆（但不可含水过高，会发白发黄的生漆）或在光亮度较差的生漆中再加一些消光剂（如水、汽油、酒精、无名子粉、滑石粉等）。

三、仿红木擦漆

由于红木是一种名贵的木材，资源稀少，价格昂贵，因此常用杂木或一般的木材（如桦木）模仿成红木所具有的色调，称之为仿红木。涂饰仿红木色的工艺要求比较高，首先要求基材表面平整、光滑。仿红木色的主色是黑与红，复色采用金黄，色相是黑里透红略成紫色。要使仿红木色达到逼真，关键是把握好颜色的层次和投色量，最后还要掌握好表面涂膜的厚度和光泽，其操作过程如下。

1. 基层处理

同红木擦漆工艺。

2. 刷底色

同花梨木擦漆工艺。一般常用黑纳粉冲入沸水调制成水色，如嫌红，可加点墨汁，用排笔将水色刷涂在白坯家具表面。

3. 嵌补腻子

在虫胶清漆中加入老粉及少量铁黑、铁红调成糊状，采用小刻刀将腻子填嵌于钉眼和缺陷部位，填嵌时必须使腻子高于平面。

4. 砂磨

待腻子干后用 1 号木砂纸顺木纹方向把凸出于表面的腻子砂磨平滑。

5. 满批第一遍生漆腻子

仿红木色腻子的配比为：生漆：熟石膏：氧化铁黑：黑钠粉上色水 =43∶34∶5∶18（重量比）。将调拌好的生漆石膏腻子和牛角刮刀满批一遍。如遇到特殊情况，也可以不用生漆腻子批刮，采用老粉调水加入墨汁及上色水少许调和均匀，用竹花或回丝将上述水老粉擦涂在家具表面，然后用干回丝将浮在木面上的水老粉揩擦干净。揩擦时先横后直，用力要均匀，要使木纹鬃眼全部擦揩到。待腻子干透后可用 0 号木砂纸砂磨平滑。

6. 上色

水色配比及施涂方法均同白坯刷底色，但上色材料的调配应该根据不同树种的具体情况灵活掌握，一般以红木色为例，总的要求是擦生漆后色泽均匀、红里透黑。一般常用黑钠粉冲入沸水调制成水色，如嫌红，可加点墨汁，并调入料血以增加黏性。如果用品红上色的话，可加入少量的品绿。把品红、品绿倒入锅内，加水煮热，加热时不停的搅拌，待颜（染）料溶化，然后边煮边用干净毛刷蘸水色刷涂到木面上，要求刷到刷均匀，不得有遗漏和流淌现象。如发现木器家具有的地方颜色较浅或不易上色时，可在该处再薄薄地刷涂一遍水色，使木器表面的颜色尽量达到一致。如做红木色除了上水色以外，还可在头度擦漆内加入烛红，用油漆将木器满刷一度。如做棕黄色，可用黄钠粉冲入沸水并加点墨汁调匀后刷涂木器表面。待水色稍干后，即采用长毛干刷顺木纹方向涂刷均匀并理直。

7. 擦揩第一道生漆

由于底面是水色，因而擦揩的生漆必须脱水或尽量采用水分少的并用少量坯油配制的生漆（生漆 3 份∶坯油 1 份），使其有粘结力，并使水色底均匀，色泽一致。如要加色，可在头道生漆内加入烛红。擦生漆的方法和要求均与红木擦漆工艺相同。如果要增加面涂漆的光泽度，可以在最后一道擦生漆中使用 3∶1 生漆，这样，揩漆后的物面有镜子般的光泽，且光滑平整，装饰性极佳。

第三节 匾额

一、匾额楹联的制作

在我国古代建筑中，厅堂的梁柱结构大多悬挂木制匾额、楹联。横者为匾，竖者为额，柱子上和门两侧的对联称为楹联。在这些匾额、楹联上都刻有题字，题上诗文，注明什么堂、什么厅等。这些匾额楹联，一方面说明这些建筑物的名称及其作用，另一方面也为人们提供精神上的享受，要人们振奋精神，大展宏图。从历史上看，庙宇、宫廷、佛寺、古塔、园林等大型建筑群中的匾联真是琳琅满目，处处为诗，个个成联，成为建筑物与环境之间的意境和气氛，体现了建筑物的用途和背景，使得人文诗意、书法以及景观文化的内涵得到充分的表现，让人身临其境，思绪万千。

制作匾联要用存放多年的红松、白松、杉木或者其他不易变形的木料。匾联木坯做好后即可开始做地仗，再在底上做扫蒙金石，词字做扫青、扫绿或底做扫青、扫绿，作品贴金或其他多样做法。匾联制作过程如下。

（一）做地仗

地仗做法及施工到中灰层的做法，与一般油漆地仗做法相同。匾联地仗要双面使麻，做一麻五灰地仗，在中灰面层经打磨清理后，上面衬细灰一道（名为渗灰），其厚度根据字体的深浅而定。细灰衬好后，即用浆刷蘸水轻轻地刷出痕迹，干后再上一道细灰，待干后磨细钻生。当生油干后便可进行刻字了。

刻字前先把字样拓到匾额上，拓字方法有以下几种：

（1）在匾额刻字处擦上立德粉，挂好横竖中线，字样摆放整齐，垫好复写纸，用铅笔、圆珠笔沿着字的笔画边缘描写，拿掉字样，字的原形就明显地留在匾额上了。

（2）先试摆字样，位置确定后在匾额地仗上过水布，字样背面擦涂立德粉，摆放于匾额之上，用铅笔沿字的笔画边缘描写，当去掉字样后字的白色轮廓线就展现在地仗上了。

（3）先试摆字样，位置确定后，生油地上过水布。在字样的背面用毛笔蘸大白浆沿字的边缘描写，平铺在匾额上，用手轻擦字样，去掉字样后白粉就沾在地仗上了，显露出字的原状。

（二）刻字

匾联刻字分为阴刻和阳刻两种。

1. 阴刻

当生油干燥后，将复写在纸上的字样，按照设计位置贴在地仗上，沿着字样边沿用斜刀稍向里倾斜把字边刻出来，再往里刻，铲出泥鳅背形，脊背的最高点要和匾地平面一样高，刻下去的深度要随字而定，笔画宽就刻得深一点，笔画窄刻得浅一些，字形要有立体感，不得出现死棱角，不能将字体刻走形。落款小字是左一刀、右一刀或上一刀、下一刀，铲成 V 字形。阴字底完全是平面的叫平落，方法是先勒边，再把底铲平。还有一种韭菜边刻法，就是将文字的每左右或每笔周围边沿都刻成"V"型坡沟，中心留平整不刻，笔画尖角以"V"笔型沟收刀。由于刻边如韭菜般粗细，所以叫做韭菜边。刻字必须掌握熟练的刀法，绝对不可以走笔，出线破字，乱刻乱挖，深浅应适度齐整。

2. 阳刻

阳字是字体突出匾的平面，阳刻字先铲出字样，把字体以外的大面铲下去，铲平，留下的鼓面字样就是字体，字体上面是平的。现在做阳字可用薄木板或多层板镂出字样，钉在匾上后再做地仗。

字刻好后，稍微喷些水在剩下的残纸上，使纸湿润松软，闷透后将其清除，并进一步修整所刻字的笔迹，然后在字体上涂生油一道。生油干后，刮浆灰一道，再满刮腻子一道，用料和操作工艺顺序与三道油活的相应做法相同。等腻子干后，打磨清理，而后即可垫头道光油等，具体做法与三道油活相同。

（三）堆字

有时，匾联的字体常用灰堆制而成。堆字的方法一般有两种：一种是在地仗做好后，将字样贴于其上，用木刻刀将字体刻出，闷掉残纸后，在字样上钉竹钉（也可用小铁钉）刷浆液，再缠以麻线或镀锌铁丝，然后按一麻五灰工艺，逐层将字堆出；另一种方法是不钉竹钉，直接以灰头逐层堆出，下面介绍前一种堆字方法。

1. 钉竹钉

字体的笔道宽度超过6cm就要钉竹钉。竹钉钉三排，中间一排，两边各一排，呈梅花状布置。钉的长度占字宽的1/2，先钻孔，后钉竹钉。钉的高度随字而定，中间高两边低（均可用铁钉或用镀锌铁丝代替，施工较为方便）。

2. 捆麻、堆粗灰

在竹钉上刷上浆液，再缠以麻线，先捆中间的一行，然后再用线麻把两边的竹钉和中间的一排连在一起，横截面呈半圆形，第一道灰是粗灰，也即堆骨架。粗灰要堆得稍低于竹钉，将字形先堆出来，一般堆成中间高两边低。若笔道宽，灰就要堆得高一些；笔道窄，灰就堆得低一些。灰窝堆顺，断面呈半圆形。灰干透以后不需打磨，划出印道便可接着堆灰。

3. 堆中灰

用铁板上中灰，将竹钉全部盖住并堆平，使断面呈半圆形，然后再用剔脚刀或剔脚筷将字形的笔锋堆出来。

4. 糊夏布

字体大的匾联需糊夏布，字体小的可省却这道夏布。糊夏布前应该在中灰上刷满油，并将夏布裁成合适的大小敷贴在字体上。

5. 压布灰

在干透的夏布上用铁板、小皮子刮上中灰，干透以后磨顺、磨光。不易磨到的部位用剔脚筷包砂纸进行砂磨，但要注意，不能将堆出的笔锋磨平或磨掉。

6. 堆细灰

字体大的用铁板、皮子刮灰捋灰，小的用刷子沾细灰，直捋到规定的字体规格显现，并使字体表面平整、无砂眼。

7. 刮浆灰

在细灰的基础上再刮浆一道，使字体表面光洁，待完全干后用0号砂纸作精细砂磨。砂磨时要对照原字样，边磨边修整，也可用剔脚刀修整多余的灰头。如果感到笔画消瘦，再以细灰、浆灰填补，修至字体的笔画线条匀称、流畅、饱满、完整为止。

（四）扫青或扫绿

一般的做法是先做字，后做底。在字迹上满刷一道稍浓的光油，停放一天，干后再刷一道与扫绿颜色相同是较稠的色油。刷油操作时要均匀饱满，不得遗漏，动作要迅速，以免字迹前后垫油的干燥速度相差较大从而影响质量。刷完后，随时将洋绿（现在用氧化铬绿）或青颜料、小颗粒佛青，用筛子均匀过筛于字迹油面上。若是扫青应在筛铺完后立即放在阳光下晒干；若是扫绿应该放在室内阴凉处阴干。晒干或阴干约24h后，再停放12h进行二扫，将残存在表面的浮色全部扫下来，字迹应呈现青绿色绒感。字迹完成后接着做底，方法同字迹的做法。但应注意，在做底前应将做好的字用纸蒙住，以免污染字体。

二、清水匾额制作

这里主要介绍南方地区清水匾的制作。南方的清水匾一般常用于书斋、轩屋、亭子、水榭等古建筑小型精致的构筑物上。常用的清水匾对材质要求较高，一般都采用颜色较浅、木质细腻、木纹清晰悦目的木材，常用的木材有银杏、黄柏、楠木、桧木、香樟等。南方清水匾的底板一般采用揩漆工艺，北方采用烫蜡工艺。常用的做法有填绿，撒煤、彩玻璃砂等。

底板材料的选用。采用优质无裂纹、无节疤，已存放多年的、经自然干燥的银杏、黄柏、楠木，最好是独幅的，尽量避开芯材。

木工做法分为有框和无框两种。一般来说，有框的板材较薄，无框的板材较厚。一般较宽的清水匾的板材需做雀王（将板材背后纵向开燕尾槽，后将硬木条嵌入，防止板材卷曲），

（1）揩漆做法：将清水匾的木材经精心制作磨透后，做到无刨刀痕，无砂皮纹。掸净后，刷豆腐色浆（即用嫩豆腐加少量血料和浅色颜料制成），待干燥后，用抹布均匀地轻揩后，批加色生漆腻子一遍（生漆腻子水头要重一点，如果生漆成分较重，底板容易咬黑），干燥后用旧双0号木材打磨，后按揩漆工艺成活。填绿工艺刻字：将揩漆成活的匾额拓字后阴刻，阴刻的刀路要流畅，笔锋、枯笔要处理得当，最好雕刻师傅略懂点基本的书法知识。阴刻字的底面要进行括底处理，不能有明显的刀痕和凹凸不平，用剔棒包砂纸磨一遍，笔迹较粗的字底面需用牛角嵌加色腻子，打磨后，描一遍加色光油或调和漆。定颜色应视字面上的颜色而定，不能深或浅。待干燥后，再描一遍加色光油稀释适度，待未干时，将国画颜料头绿撒至所描的字上。基本做到随描随撒，并需控制所描加色光油的干燥程度。待所描的匾额上的加色光油充分干燥后，用羊毛排笔掸去多余的头绿。这样填绿匾额基本完工。

（2）撒煤工艺：撒煤匾额清水底板工艺流程一致，字体的放样与填绿工艺一样，但刻字有较大的区别。首先，撒煤工艺不能阴刻，一般是用雕刻刀沿字的外边垂直用刀，再用雕刻刀从字的外向内斜雕30°～45°左右的斜面宽度，都应根据字体的大小来决定的。一般来说，垂直下刀的深度不会超过0.4～0.5cm，斜面的宽度约在字体的1/8～1/10之间，还应根据字体的形式进行调整。例如，隶书所刻的斜面应该基本一致，草书所刻的斜面则应该根据笔划的粗细来进行调整。撒煤是将大块的白煤（无烟煤）敲碎清洗过筛，按粗细分别存放。煤的粒子根据笔划的粗细而选用。

匾额字体基本上是平面临边是斜面，在字体上刷黑色光油或调和漆，斜面、平面均需刷到。待干燥后，刷第二遍。但应该注意，第二遍上漆时根据字体往内缩进半颗煤粒，这样匾上的字体立体感较强。待未干时，将煤粒撒上，待充分干燥后，掸去多余的煤粒，用剔针在字体边缘粘结不牢固的煤粒剔除。这样撒煤的工序结束。

撒玻璃砂的工序基本上与撒煤的工序一样。因为玻璃颜色较多，匾额楹联的制作者。可根据建筑物的环境、匾额楹联的含义，而采用不同颜色的玻璃砂，使之交相辉映。

三、贴金装饰

贴金装饰是一种用金箔装点梁架大木以及辅助构件的手法，它与木雕、沥粉技艺相结合，更增加了构件及彩画的金色闪耀的效果。贴金装饰的操作过程如下。

1. 打金胶

彩画贴金和框线、云盘线、山花寿带、挂落、套环等处贴金，除彩画打两道金胶外，其余均打一道金胶。以筷子笔蘸金胶油，涂于贴金处，油质要好，宽窄要齐，油要均匀，不流不皱。

2. 贴金

当金胶油尚有适当黏度时，用手指或金夹子将金箔是夹金纸揭开，将金箔面对准金地，并用金笔刷或羊毛排笔掸贴下去，而后把夹金纸揭掉；第二张金银箔也一样，紧靠前一张已贴下的金箔，稍微重叠贴下；张张如此。金箔贴好后，应用金笔刷将贴好的金箔掸扫一遍，将多余的飞金掸下，遇花活或雕刻活可用金肘子（柔软羊毛制成）肘金。

3. 扣金

金贴好后，以油拴扣原色油一道（金箔上不着油，谓之扣油）。如金线不直，可用色油找直。有的干后再罩清油一道（金箔上着油者，谓之罩油）。金箔罩不罩油应视情况而定。在户内，金箔上一般不罩油，罩油反而会有损金箔的色泽；但在户外，罩油可以对金箔起到保护的作用。若是银箔、铝箔，其上可罩黄漆，以代金箔。

第六章 砌街铺地

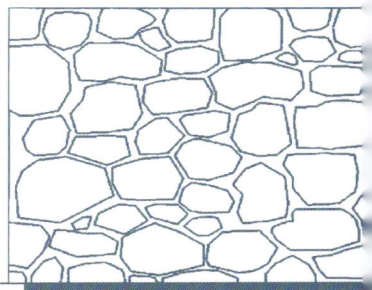

砌街，是一种铺于地面的园林小品。由于铺地只是起到"领路人"的作用，往往不易为游人所瞩目。但小中见大，铺地和其他园林要素一样，同样源远流长，也是园林文化中的一璀璨篇章。

铺地分为室内铺地和室外铺地。室内铺地的滥觞，最早可以追溯至春秋时期。吴王夫差为西施所筑的馆娃宫中，有一条响屟廊。相传"吴王夫差铺地，西子行则有声。"室内铺地主要采用方砖或石板等，室外铺地主要指园林铺地。除了铺在厅堂等建筑前，更多筑于路径。岸边山崖之间、花间林中、台沿堂侧，它们或盘山腰，或曲洞壑，或穷水际，蜿蜒无尽通幽处。而那些色彩丰富，用砖、瓦、石等材料组成精美图案的"花街铺地"，更是其中的经典。而他的样式更是多种多样。明代著名造园家计成所写的《园冶》，对此有着生动的描述："如路径盘蹊，常砌多般乱石。中庭或宜叠胜，近砌亦可回文，八角嵌方，选鹅子铺成蜀锦；层楼出步，就花梢琢拟秦台……"

用于铺装的材质很多，常见的如卵石、碎瓷砖、弹石片、黄石片、碎青石、还有黄道砖、瓦片等。以鹅卵石为主的铺地，这些形似鹅蛋的天然石材，它们光润圆滑，具有阴柔之美的质感，但同时又坚固、耐磨，具有阳刚之美的力度。错落有致的卵石，缝隙间嵌有细泥，最宜绿苔碧草点缀。卵石铺地还有保健的作用。赤足踩于卵石径上散步，可按摩足部有关穴位，起活血舒筋、清除疲劳之效。纯砖铺地常常侧砌，图形有人字、席纹、斗方、叠胜等。纯瓦铺地可以利用其特有的弧度，砌成曲线优美的波浪式。以砖瓦为图案界线，俗称"筑樨子"，镶以各色卵石可拼成多种几何图形，如六角、攒六角、套六角、套六方、套八方等。以卵石与瓦混砌的图案有套钱、球门、芝花等。以砖瓦、石片、卵石混砌的有海棠、冰裂纹、十字灯景等。以各种碎瓷片、碎陶片为材料，辅以微型卵石，可以铺出各种有趣的动物、植物和器物图案。其暗红、灰白、青蓝等多种自然颜色的搭配，将铺地描绘成一幅幅多姿多彩的"地"图。

中国园林表现的是诗情画意。不是给园子起个儒雅的名字，就是种些带有谐音的植物来表达自己的心境。同样，铺地也离不开这个范围，它的"俗文化"现象也是一大特色。园主们为了讨口彩。运用谐音、双关等手法，给铺地赋予一种吉祥的象征。在苏州古典园林中，拙政园、网师园、留园，狮子林的铺地中，都有"五蝠捧寿"图。五只蝙蝠，围住正中的一个"寿"字，寓意"五福捧寿"，象征着园主生活的美满长寿。留园的俗文化铺地，更是集大成者。蝙蝠、梅花鹿和仙鹤，寓意"福禄寿"。而鹿、鹤、鱼这三种动物，则包含了地面、天上和水中的一切生活空间，组成"禄寿有余"的意境。白鹭和莲花组合，象征着主人在科举中"一路（鹭）连（莲）科（棵）"。一只花瓶内插三支戟，则意味着"平（瓶）升三级（戟）"。路面上铺有的图案来源于以寓言故事、民间剪纸、文房四宝、吉祥用语、花鸟虫鱼等为题材的。北京故宫的雕砖、卵石、嵌花、甬路，是用精雕的砖、细磨的瓦和经过严格挑选的各色卵石拼成的，以及《古城会》、《战长沙》、《三顾茅庐》、《凤仪亭》等戏剧场面的图案。在中国传统铺地的纹样设计中，还有用各种"宝相"纹样铺地。例如，使用荷花图样象征"出淤泥而不染"的高洁品德；用忍冬草纹象征坚忍的情操；用兰花图样象征素雅清幽，品格高尚；用菊花傲雪凌霜的特征象征意志坚定。

由上，我们知道了花街铺地的寓意性，同时，它还拥有装饰性。园路是园景的一部分，应该根据景的需要作出设计，路面或朴素、粗犷，或舒展、自然、古拙、端庄；或明快、活泼、生动。园路以不同的纹样、质感、尺度、色彩，以不同的风格和时代要求来装饰园林。如杭州三潭印月的一段路面，以棕色卵石为底色，以橘黄、黑两色卵石镶边，中间用彩色卵石组成花纹，显得色调古朴，光线柔和。中国自古对园路面层的铺装就很讲究，《园冶》中说："惟厅堂广厦中铺一概磨砖，如路径盘蹊，长砌多般乱石，中庭或宜叠胜，近砌亦可回文。八角嵌方，选鹅卵石铺成蜀锦"，"鹅子石，宜铺于不常走处"，"乱青版石，斗冰裂纹，宜于山堂、水坡、台端、亭际"。又说："花环窄路偏宜石，堂回空庭须用砖。"

在中国现代园林景观的建设中，继承了古代铺地设计中讲究韵律美的传统，并以简洁、明朗、大方的格调，增添了现代园林的时代感。如用光面混凝土砖与深色水刷石或细密条纹砖相间铺地，用圆形水刷石与卵石拼砌铺地，用白水泥勾缝的各种冰裂纹铺地等。此外，还用各种条纹、沟槽的混凝土砖铺地，在阳光的照射下，产生出很美丽的光影效果，不仅具有很好的装饰性，还减少了路面的反光强度，提高了路面的抗滑性能。彩色路面的应用，已逐渐为人们所重视，它能把"情绪"赋予风景。一般认为暖色调表现热烈、兴奋的情绪，冷色调表现幽雅、明快。明朗的色调给以人清新愉快之感，灰暗的色调则表现为沉稳宁静。因此，在铺地设计中有意识地利用色彩变化，可以丰富和加强空间的气氛。现在越来越重视绿色环保，一些透水透气的材料也被广泛应用，如透水混凝土、透水沥青路面等。特别用于面积较大的铺装，能够改善土壤的排水通风性能，以利于花草树木的生长。

作为一种造园符号的铺地，特别是隽永的花街铺地，尽管不用刻刀，其实也是一种雕刻，一种别具一格的"地雕"。镶奇嵌秀，铺出园内一条条、一方方"风景这边独好"的艺术天地。

"铺地"构造不外乎分两个部分"基层"和"面层"。

基层就像造房子的基础，一定要按规范施工，以免地面沉降，开裂，以至于难以修复。基层的施工定位、放线则相当关键，面积稍大的要控制好标高及排水坡向，尽量避免用结合层来调整标高，做到既好又省。另外，雨水井的设置也要统筹考虑。园路的放线则要考虑走向，线型的舒适度，特别是交叉口，接驳点一定要看着"顺"。注意哦，这可是"成败"的关键。

面层即铺装层，现在的铺装材料品种繁多，形式多样，色彩丰富，既有传统的又有现代的还有传统和现代相结合的。现就常用的传统的园林花街形式作一简述。

一、卵石铺地

鹅卵石路面既坚固耐用又能组成各种漂亮图案，在园林里被广泛使用。鹅卵石主要出自江滩河床，在我国分布很广，苏州地区的鹅卵石主要来自南京的六合、仪征等地。在铺前要对鹅卵石进行挑选，大小匀称、形状扁圆、色泽光滑，并按不同颜色分别堆放。使用前一定要用水冲洗干净以去除泥土和浮尘，并晾干。这样能使其凝结得更牢固、干净。铺装前先把基层面打扫干净，按设计图的要求定位、放线并做出控制标高点。根据设计图案在地上用望砖或瓦试搭一下边框（一般望砖一锯二，瓦一锯三），并根据实际情况进行调整。完成上述步骤后用墨斗在地上弹出墨线，下一步开始"筑宕子"。用水泥砂浆将砖或瓦沿墨线"窝牢"，上口要"经线"以控制好标高及顺直。先"筑宕子"待水泥有一定强度后才能开始砌卵石。卵石的结合层一种干铺另一种湿铺，干铺是将水泥和黄砂按比例（一般1：1）干拌匀铲在"宕子"里，然后开始砌卵石，砌满后用一块木板（约一尺见方）将其拍平拍实，再用干水泥撒在面上用软扫帚扫进石子缝隙间，注意不要太满石子最好露出1/3。接着要喷洒一些水，这是一项技术活一定要掌握得当，像水雾一样，水多了、重了，水泥浆会泛滥得无法收拾，少了又影响强度。湿铺与干铺程序是一样的，就是水泥和砂拌的时候添加少量水，以拳头能握住成型即可，砂浆的水分太多石子容易下沉影响平整度及表面的整洁。砂浆要用多少拌多少。总的来说湿铺比干铺来得坚固、美观。花街铺好后要做好保护工作，防止踩踏、雨淋，并及时做好养护工作。下面是几种常见的卵石铺地的形式（图6-1～图6-9）。

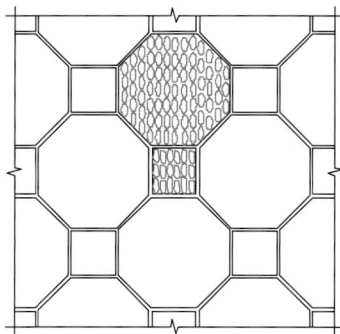

图6-1 八角式

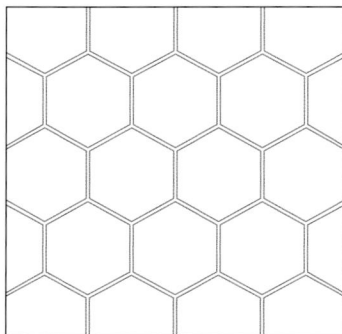

图6-2 六角式

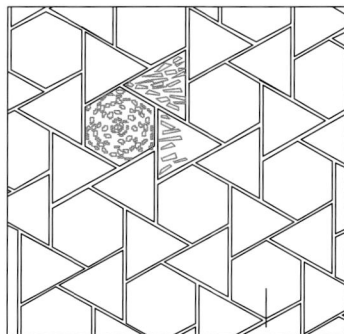

图6-3 冰纹式

图6-4　海棠菱花式　　　　　　　图6-5　海棠芝花式　　　　　　　图6-6　四方灯锦式

图6-7　冰纹梅花式　　　　　　　图6-8　长八方式　　　　　　　图6-9　套方金钱式

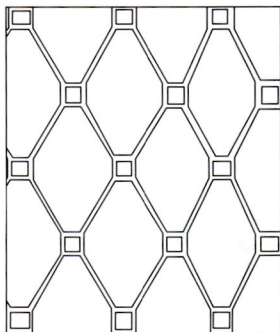

二、虎皮石铺地

虎皮石大概划归为页岩、板岩一类，岩体呈一层层、一片片的，用斧子能够较为方便地劈开，且表面坚硬光整自然，是铺地的上佳材料。苏州早先用的是产自藏书一带的"砚瓦石"。现在大多用江西、安徽、河北等地的板岩。

一般铺地用的石板4～8cm厚。铺设的方式有自然式的"碎拼型，乱冰片"。也有方整规则的铺法，设计应根据不同的环境要求进行选择。基层的处理一般是基做完后打上混凝土垫层，再铺石板。也有不用混凝土垫层而直接用砂铺石板的，这种比较适用于较厚的石板，石缝中填些细土，长些小草，效果极佳（图6-10）。

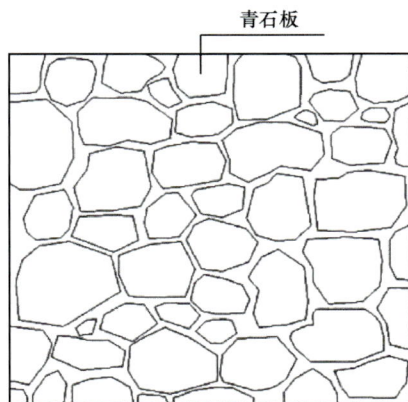

青石板

图6-10　虎皮石板碎拼铺地

三、黄道砖铺地

黄道砖是一种烧结青砖，苏州的相城、浙江的嘉善等地均有生产。

黄道砖大多铺在走廊里，也有铺天井等地方。铺设方式有席纹、间方、人字等。黄道砖的常用规格（单位：cm）15×8×2.8，也有17.5×8×3.5的。黄道砖潮湿后易长青苔，易滑，冬季冰雪易冻坏。因此，铺在室外并不合适。皇道砖采用黄砂干铺不需要放水泥，加了水泥之后容易造成"泛碱"，费钱还不讨好。

铺地的形式多种多样，特别是景观工程的铺地，采用的新材料、新工艺、新形式更是层出不穷。以下是常见的两种形式（图6-11，图6-12）。

图6-11 间方式

图6-12 席纹式

后记 POSTSCRIPT

　　2011 年《苏州园林营造技艺》由苏州园林发展股份有限公司及其控股的子公司苏州香山古建园林工程有限公司共同编著。此次编著按照章节，侯洪德、张喜平、陆耀祖、张伟龙、吴磊、王之力同志分别负责石作、瓦作、木作、叠山、油漆、砌街铺地的编写。参加本书编写、修改的人员还有冯留荣、孙小青、张喜平等，他们就全书的图片、文字进行了审定，钮嵘和刘晓芳对本书进行了整理、校对。

　　对于本次《苏州园林营造技艺》的编写，张树多先生、顾庆平女士、嵇存海先生、周益先生、唐纪军先生、张文行先生给予了极大的关心和支持；同时，苏州科技大学雍振华教授对于本书的编写提出了许多宝贵的意见。在此一并向他们表示致谢。

《苏州园林营造技艺》编写小组
二〇一一年九月九日